U0239057

永定河生态修复监测规划研究

赵慧明 等 著

中国水利水电出版社

www.waterpub.com.cn

·北京·

内 容 提 要

本书针对已经修复完成的永定河北京段生态环境进行监测研究，针对不同河段的生态特征提出适应的监测方案，并建立一套评估的指标体系，通过监测达到实施生态管理、生态修复技术支撑、水资源水量分配的需要，确保生态治理达到目标。本书共5章，主要包括：生态监测的研究进展和现状调查，永定河生态调查评价，永定河生态监测规划的意义，永定河生态监测规划方案研究，永定河规划实施保障措施。

本书可供水利工程、水生态、水资源与环境、生态及城市规划等方面的专家、学者以及相关高等院校、科研工作人员参考。

图书在版编目（CIP）数据

永定河生态修复监测规划研究 / 赵慧明
等著. --北京：中国水利水电出版社，2019. 1
　ISBN 978-7-5170-7512-7

Ⅰ．①永… Ⅱ．①赵… Ⅲ．①流域 – 水资源 – 研究
Ⅳ．①TV211.1

中国版本图书馆 CIP 数据核字（2019）第 254867 号

审图号：京 S（2024）007 号

书　　名	永定河生态修复监测规划研究 YONGDING HE SHENGTAI XIUFU JIANCE GUIHUA YANJIU
作　　者	赵慧明　等　著
出版发行	中国水利水电出版社 （北京市海淀区玉渊潭南路 1 号 D 座　100038） 网址：www.waterpub.com.cn E-mail：sales@mwr.gov.cn 电话：（010）68545888（营销中心）
经　　售	北京科水图书销售中心（零售） 电话：（010）68545874、63202643 全国各地新华书店和相关出版物销售网点
排　　版	北京图语包装设计有限公司
印　　刷	北京中献拓方科技发展有限公司
规　　格	170mm×240mm　16 开本　7.75 印张　143 千字
版　　次	2019 年 1 月第 1 版　2019 年 1 月第 1 次印刷
定　　价	**56.00 元**

前　言

　　永定河是海河水系最大的一条支流，它发源于山西省宁武县管涔山，流经山西、内蒙古、河北、北京及天津五省（自治区、直辖市）入海河，注渤海，主要支流有桑干河、洋河、妫水河、清水河等。永定河自河北省怀来县幽州村东南流入北京市境内，至大兴区南端崔指挥营村以东复入河北省地界。永定河全长 747 km，流经北京市的河段长 170 km，流域面积为 3168 km²，占永定河总流域面积的 6.7%，分为官厅山峡段、平原城市段、平原郊野段，穿越门头沟、石景山、丰台、房山和大兴五个区，占北京市域总面积的 20%，是北京地区的第一大河。

　　永定河是北京的母亲河，孕育了北京深厚的文化底蕴和独特的人文资源，是首都的防洪安全屏障、供水河道和水源保护区，同时也是全国四大重点防洪江河之一。北京城市总体规划将永定河定位为"京西绿色生态走廊与城市西南生态屏障"，防洪、供水、生态是永定河的三个重要功能。

　　永定河的早期工程建设多以防洪工程为主，直到 20 世纪 90 年代末期，治河理念发生了变化，从传统的工程水利向资源水利、生态水利逐步过渡。历经多年整治，永定河的防洪安全得到了很大提高，但生态环境状况相对薄弱。20 世纪 80 年代以来，北京水资源紧缺，永定河有限的水资源几乎全部用于北京西部工业建设，使三家店以下河道长年断流，河道两边土地沙化严重。河道内由于历史原因形成了许多大大小小的沙坑，沟壑遍布，河床裸露，坑壁陡峭，植物无法生长，河床逐渐沙化，冬春季节，风沙弥漫。由于根本无水补给永定河，加之地下水严重超采，北京西部地区第四纪地下水位下降，永定河的生态系统已经受到严重破坏。且随着沿岸地区经济的发展，入河污水排入量逐年增多，污染河道，使得永定河生态环境日趋恶劣。

"有水的河、生态的河、安全的河"是北京市委市政府出台的永定河绿色生态发展相关规划中的重要目标，要使之成为联系西南区域的生态纽带和北京重要的生态廊道。由于永定河三家店以下河段长期没有水，其生态治理需要引中水并制定有效的生态治理方针方可进行。为确保生态治理达到目标，必须开展永定河生态监测，为河流生态系统的构建与修复提供最基础的数据。生态监测是永定河规划定位、保障其水体水质和地下水安全及开展生态修复评估的需要，是维持修复后的永定河生态系统健康运行的基础性工作，它符合永定河发展规划，是生态修复和后续水质保障的基本依据，在落实北京城市总体规划、提高城市生态环境质量、加快北京建设国际性宜居城市等方面也具有重要作用。

本书即为永定河北京段生态修复后的修复效果评估提供一套系统科学的监测体系，为生态环境的评估提供依据。主要是针对目前已经修复完成的永定河北京段生态环境进行监测研究，对修复前后的变化进行对比，建立一套评估的指标体系，通过监测达到实施生态管理、生态修复技术支撑、水资源水量分配的需要，确保生态治理达到目标。

永定河北京段全长 170km，分为官厅山峡段、平原城市段、平原郊野段，各段均有其特有的生态特征，分别属于自然景观河道、城市景观河道及田园景观河道。其生态监测规划需要综合考虑各段的生态特征，建立适应的生态水力监测规划方案，在现有监测系统的基础上丰富和完善项目区的生态监测体系，最终达到"有水、生态、安全"的目标，特别是需要保证三家店至卢沟桥河段生态治理的安全。本书遵循统筹考虑、突出重点的监测原则，有选择性和针对性地对永定河北京段生态修复监测方案进行规划设计，其生态监测范围分别按照此三段布设监测点位并遵循一定的原则，监测结果可以直接应用于永定河生态走廊建设对地表水、地下水、水生生物、陆生生物以及土壤等影响的评估。

在深入调研和实地勘察的基础上，对永定河水生态系统的主要影响因素进行全面系统的分析，综合考虑各修复河段自身的特点，合理布设监测点位，制定相应监测方法，为永定河生态修复后的修复效果评估提出一套系统的生态修复监测规划方案。所建议的方法和测点布设科学合理，符合永定河河道水流生态特点及沿河监测站点现状与发展需要，监测方法适当，监测技术成熟，经验丰富，监测方案符合永定河发展规划。通过监测可为永定河生态健康和修复后的水环境保障与科学研究提供直接可靠的数据，达到实施生态管理、生态修复技术支撑、水资源水量分配的需要，确保生态治理达到目标。

本书在编写过程中，得到了水利部发展研究中心张岳峰博士和北京市水利规划设计研究院高晓薇博士的大力帮助，他们参与了本书部分章节的编写工作。同时，本书能够顺利出版是与清华大学方红卫教授、中国水利水电科学研究院曹文洪总工及泥沙所郭庆超所长和汤立群副所长等领导的关心、支持以及研究室王崇浩主任、王玉海教高、刘大滨高工、郭传胜高工等同事在工作上的大力支持分不开的。在此对上述领导、同事和其他未能在此一一尽述的同事、朋友表示衷心的感谢。此外，本书的研究成果得到了国家自然科学基金"微生态系统影响下泥沙的运动特性及其环境效应研究"（No. 51479213）的资助，在此一并致谢。

由于作者自身水平有限，书中错漏在所难免，敬请读者和同仁批评指正！

作　者

2018 年 12 月于北京

目　　录

第 1 章　生态监测的研究进展和现状调查

1.1　生态监测的内容和作用

生态监测是生态系统层次的监测,是运用各种技术测定和分析生命系统各层次对自然或人为作用的反应或反馈效应的综合表征,来判断和评价这些干扰对环境产生的影响、危害及其规律,为环境质量的评估、调控和环境管理提供重要科学依据的科学活动过程。

生态监测主要包括五个方面的内容:

(1)生态环境中非生命成分的监测:包括对各种生态因子的监控和测试,既监测自然环境条件(如气候、水文、地质等),又监测物理、化学指标的异常(如大气污染物、水体污染物、土壤污染物、噪声、热污染、放射性等)。

(2)生态环境中生命成分的监测:包括对生命系统个体、种群、群落的组成、数量、动态的统计和监测,污染物在生物体中量的测试。

(3)生物与环境构成的系统的监测:包括对一定区域范围内生物与环境之间构成的系统组合方式、镶嵌特征、动态变化和空间分布格局等的监测,相当于宏观生态监测。

(4)生物与环境相互作用及其发展规律的监测:包括对生态系统的结构、功能进行研究,既包括自然条件下(如自然保护区内)的生态系统结构、功能特征的监测,也包括生态系统在受到干扰、污染或恢复、重建、治理后的结构和功能的监测。

(5)社会经济系统的监测:人类在生态监测这个领域扮演着复杂的角色,它既是生态监测的执行者,又是生态监测的主要对象,人所构成的社会经济系统是生态监测的内容之一。

长期以来,生物监测属于环境监测的重要组成部分,是利用生物在各种污染环境中所发出的各种信息,来判断环境污染的状况,即通过观察生物的分布状况,生长、发育、繁殖状况,生化指标及生态系统工程的变化规律来研究环境污染的情况、污染物的毒性,并与物理、化学监测和医药卫生学的调查结合起来,对环境污染作出正确评价。

生态监测是一项涉及多学科、多部门、多角度、多目标的极其复杂的系统工程，其特点是专业性强、范围广、见效慢、费用高。在生态监测能力建设方面，要建立科学合理的投资机制，即不仅要注重仪器设备投资，还要充分考虑运行费用以及专业技术人员的专业素质，否则生态监测工作难以开展。

水生态是指环境水因子对生物的影响和生物对各种水分条件的适应。水生态监测则是对环境水因子的观察和数据收集，并加以分析研究，以了解水生态环境的现状和变化。对于河流健康生态系统健康评估的监测，重点需掌握水生态监测的相关内容。

传统的水文监测的许多项目都是水生态监测所需要开展的项目，如水位、流量、水质、水深、泥沙、河道断面地形测量等。近年来，水文系统根据经济社会发展的需求及水利部加强生态保护的要求，加强了水生态监测等工作。水生态监测与传统的水文水资源监测在监测目标、范围、项目、方式和频次等方面都有不同，具体如下：

（1）在监测目标上，水生态监测的目标是为了了解、分析、评价水体等的生态状况和功能，而水文水资源监测的目标是为了防洪减灾及水资源管理等方面的需要。

（2）在监测范围上，水文水资源监测的范围重点在水体，而水生态监测的目标应包括水体及陆地上的植被等。

（3）在监测项目上，水生态监测内容包含了水文水资源监测的项目，即河流水文形态、生物、化学与物理化学质量要素。

（4）在监测方式和频次上，新增的专门针对水生态监测的项目也与传统的水文水资源监测有所不同。

2000 年 10 月 23 日，欧洲议会与欧盟理事会（2000/60/EC 号令）通过了《欧盟水框架指令》，成为欧盟水领域的行动法令。《欧盟水框架指令》（2000/60/EC 号令）划分了地表水生态状况，对河流、湖泊、过渡性水域和沿海水域生态状况进行了定义。其中，"良好状况"是指由于人类活动，地表水体类型的生物质量要素值显示出较轻的偏离，但基本符合未受干扰条件下的水体类型质量。

根据《欧盟水框架指令》（2000/60/EC 号令），对于河流来说，其水生态监测主要包括三部分内容：

（1）河流的生物质量要素（生物），包括：①浮生植物的组成与数量；②底栖无脊椎动物的组成与数量；③鱼类的构成、数量与年龄结构。

（2）河流中支持生物质量要素的水文形态质量要素（水文），包括：①水文状况，主要指水量与动力学特征以及与地下水体的联系；②河流的连续性；③形态情况，主要指河流的深度与宽度的变化、河床结构与底层以及河岸地带的结构等。

（3）河流中支持生物质量要素的化学与物理化学质量要素（水质），包括：①总体情况，主要指热状况、氧化状况、盐度、酸化状况、营养状态等；②特定污染物，主要指由排入水体中的所有重点物质造成的污染，以及由大量排入水体中的其他物质造成的污染等。

2006年通过的《关于保护地下水免受污染和防止状况恶化的指令》(简称《欧盟地下水指令》) 还提出了地下水良好状态的定义：

（1）具有良好数量状况的地下水体：具有稳定的地下水水位,平均年抽取量不减少可用地下水资源量/平均年补给量；不会对地表水体和依赖于地下水的陆地生态系统产生负面影响；降低了盐水和其他物质入侵的风险。

（2）具有良好化学状况的地下水体：符合水框架指令和地下水指令及相关指令的质量标准；不会对地表水体和相关陆地生态系统产生负面影响；没有盐水或其他物质入侵的迹象或影响。

《欧盟地下水指令》明确提出地下水监测结果必须用于以下方面：确定地下水体的化学状况和数量状况（包括对可用地下水资源进行评估）；帮助进一步的地下水体特征鉴定；验证特征鉴定中开展的风险评估；估计跨越成员国国界的地下水体的流向和流速；为措施计划制定提供帮助；评估措施计划的效力；论证饮用水保护区和其他保护区目标的实现情况;鉴定地下水的天然质量包括自然趋势(基准)；确定人类活动引起的污染物浓度的变化趋势及其扭转情况。

水资源监测是水生态管理和保护的重要基础工作。2010 年年初，水利部水文局组织专家，根据实行最严格水资源管理制度的要求，制定了《水资源监测实施方案（征求意见稿）》。制定水资源监测的方法如下：

（1）地表水监测按对省界断面和对区市县行政区界控制断面分别进行布设。其中，在大江大河干流、流域内一级支流（或水系集水面积大于 $1000km^2$ 河流）所涉及的省界、重要调水（供水）沿线跨省界跨流域的以及水质污染严重的河流（或水系集水面积小于 $1000km^2$ 水事敏感区域）所涉及的省界等应设置监测断面、开展监测；在省界断面中可以兼作为区市县界断面的、大江大河的二级支流（或集水面积大于 $500km^2$ 河流）的、重要跨区市县界跨流域（水系）调水（供水）线路上或水系集水面积小于 $500km^2$ 水事敏感区域所涉及的区市县界等应设置控制断面、开展监测。

一般情况下，对水位的监测应采用自动监测记录方法；流量测验主要采取巡测、自动测流等技术。当流量监测断面通过测流断面整治、单值化等技术处理能建立稳定可靠的水位流量关系时，尽量采取自动监测水位以推取流量的方法。

（2）地下水监测应依托现有地下水监测站网，提高地下水自动监测能力。对于浅层地下水，长江以北地区每县（长江以南地区每地市）应选择 3~5 眼地下水监测井为控制代表井，并结合现有监测井，通过点与区域相结合的方法，实现对地下水位监督控制。对于深层承压水，长江以北地区每县（长江以南地区每地市）应选择 1~3 眼地下水监测井为控制代表井，并结合现有测井，通过点、区域和开采量结合方法，实现对承压水监控。对地下水超采区、大中型水源地、海水入侵区、大中城市建成区、大型调水工程沿线等特殊类型区应适当加密监控，满足地下水控采的要求。

一般情况下，对地下水开采量的监测，农业用水监测应采用典型监测与调查统计相结合的方法；工业和居民用水监测宜采用调查统计和综合分析方法，主要进行抽样监测与复核。

（3）取用水量监测主要开展对农业、工业和居民用水的典型监测与调查，满足对取用水指标的监测监督考核要求。其中，农业取用水的监测，主要对全国大型灌区斗口以上取水口进行监测与水量复核，并对重要的中型灌区进行抽样监测与统计复核。

工业取用水的监测，主要对工业取水用户进行抽样监测与统计复核。对代表性七大高用水行业（火力发电、石油炼制、钢铁、纺织、造纸、化工、食品等）主要产品用水定额进行监测评价，对其用水量的供、用、耗、排等环节监测，开展水平衡测试分析。

居民用水的监测，重点针对居民用水习惯、用水器皿以及节水意识等进行抽样调查，抽样核查用水量（水表）。

（4）水质监测按国家重要江河湖泊水功能区监测及国家重要饮用水水源地监测要求开展。其中，水功能区水质监测断面应按《水环境监测规范》要求进行布设。纳污总量控制断面应实现对所有重点入河排污口的有效控制，且所控制的纳污量应不小于该水功能区污染物入河总量的 80%；监测断面应尽可能与水文测量断面重合。缓冲区监测断面布设需考虑省际河流的上下游或者左右岸关系。

饮用水水源地监测断面的布设中，对于河流监测断面，一般在水厂取水口上游 100m 处设置监测断面，同一河流有多个取水口，且取水口之间无污染源排放口的，可在最上游 100m 处设置监测断面，对于湖、库监测断面，原则上按常规监测点位采样，但每个水源地的监测点位至少应在 2 个以上，采样深度应在水面以下 0.5m 处。

1.2　生态监测的发展历程

生态监测是 20 世纪初发展起来的，其标志是科尔克威茨和马森提出的污水生物系统，为运用指示生物评价污染水体自净状况奠定了基础。其后，克列门茨把植物个体及群落对于各种因素的反应作为指标，应用于农、林、牧业。他 1924 年还主张把植物作为高效的测定仪器，积极提倡植物监测器。20 世纪 50 年代后，经许多学者（如 Liebman 和津田松苗等）的深入研究，到 70 年代后使生态监测成为活跃的研究领域，并在理论和监测方法上更加丰富，在环境监测中占有了特殊的地位。

20 世纪 70 年代末期，苏联开展了有关生态监测方面的工作，其中包括自然环境污染监测计划、生态反应监测计划、标准自然生态系统功能指标及其人为影响变化的监测计划等，随后一些东欧国家也相继制定了本国的生态监测计划。

但真正意义上的生态监测直到 20 世纪 80 年代才开始，美国凭借其强大的技术优势和经济优势率先开始了生态监测工作，其中最具代表性的项目是实施"长期生态研究计划"，至 21 世纪初已有 17 个野外监测站。其主要工作是对森林、草原、农田、沙漠、溪流、江河、湖泊和海湾等不同类型的生态系统进行多方位的研究和监测。主要内容包括环境因子和生物因子各变量的长期监测、生物多样性变化监测，生态失调模式与频率的研究和物种目录的编辑等。1988 年由美国环保局发起，由多个部门参加，开展了全国性的"环境监测与评价项目"工作，其工作内容是对农业区、干旱区、河口近岸、森林、五大湖区、地表水、湿地等生态类型进行监测，其目的是分析和评价各类生态系统的现状和变化趋势，揭示主要环境问题，为环境监理、决策和科研服务。

我国的环境监测事业起步于 20 世纪 70 年代初期，随着管理"三废"工作的开展，各省市相继建立了环境监测站。到 1980 年召开第一次全国环境监测工作会议时，全国已建成 300 多个各级环境监测站。在"六五"和"七五"期间，环境监测站有了一个大发展，从中央到地方省、市、县，都建立了监测站。"八五"期间，我国制定了监测工作的基本方针，在管理上提出了"五化"目标，对监测数据提出了"五性"要求，在反映环境质量上提出了"五报"，初步形成了以环境质量监测为核心的监测网络。"九五"期间，国家大力加强发展环境监测能力建设，环境监测工作实现了"历史性突破"。"十五"以来，国家环保总局又不失时机地在全国推进环境监测站标准化建设。2004 年，党中央提出了全面、协调、可持续的"科学发展观"，为环境保护工作指明了方向，也为环境监测工作提供了极好的发展机遇。至 2010 年，我国环保系统有 2300 多个环境监测站，45800 多名环境监测人员。同时，我国已制定各类国家环境标准 410 项，覆盖了大气、水质、土壤、噪声、辐射、固体废物、农药等领域；已开展了环境质量监测，环境质量周报、日报预报监测，污染源监测，污染事故应急监测，污染物总量控制监测，污染源解析监测，环境污染治理工程效果监测等，需监测的污染因子达百余种。

在我国，由于经济社会发展，水生态问题愈来愈突出，如水体污染、湖泊面积减少、湿地退化、河道断流、地下水位持续下降、入海水量减少等。近十几年来，湖泊富营养化发生的频次越来越高，富营养化发生湖区面积越来越大，无论是南方还是北方都有富营养化发生的现象。如 2007 年 5 月，太湖蓝藻大规模暴发，水源地水质遭受严重污染，给无锡市群众生活带来很大影响。我国湖泊生态功能退化问题也十分严重。据统计，平均每年消失约 20 个天然湖泊。此外，由于大量持续开发利用地下水造成局部地下水超采、地下水位大幅下降，据统计，全国现有超采区 164 片，地下水超采区总面积近 19 万 km²，其中严重超采区面积约 7.2 万 km²。

随着经济社会的发展、生活水平的提高，人们对生态保护的要求也越来越高。水利部门高度重视，积极组织开展了水生态保护与修复等工作，成效显著。如，从 2002 年起水利部运用黄河小浪底水库进行调水调沙，通过冲刷下游河道来实现黄河下游水沙冲淤平衡。开展了黑河、塔里木河调水，使黑河水滚滚不断地涌入东居延海，这个一度消失 10 年之久的北方著名湖泊，水域面积已达约 40km²，重现了昔日烟波浩渺的秀美景观。塔里木河水进入超过 300km 的下游台特玛湖，使干涸 30 余年的台特玛湖形成面积达 24km² 的水面。白洋淀是华北平原为数不多的生态湿地之一，近年来，河北省年降水量一直偏少，致使太行山区大中型水库和白洋淀入水量严重不足。从 1997 年以来，白洋淀已经 15 次从流域内紧急调水。2006 年开始实施"引黄济淀"工程，从黄河调水补充白洋淀水量。目前，白洋淀的生态环境得到了明显改善，白洋淀湿地的生态功能也逐步恢复。从 2005 年开始，水利部先后确定了江苏无锡市、湖北省武汉市、广西桂林市等 12 个全国水生态系统保护和修复试点，组织开展了一系列保护水资源、改善水环境、修复水生态的工作，取得了显著成效，用实际行动践行了人与自然和谐共处的可持续发展理念。

近年来，水文系统根据经济社会发展的需求及水利部加强生态保护的要求，加强了水生态监测等工作。2008 年，水文局连续召开了 2 次会议，确定启动了太湖、巢湖、滇池、白洋淀、洪泽湖、南四湖、抚仙湖、星云湖、武汉东湖、潘家口水库、密云水库、小浪底水库、三峡水库、丹江口水库、大伙房水库和于桥水库等藻类监测试点工作；4 月，邀请长江水利委员会水环境监测中心和北京市水文总站对参与试点的单位技术人员进行培训；5 月，各试点单位开始监测，并每月将结果报告给有关部门和领导，取得了很好的效果。最近几年，水文局根据水利部加强水生态监测工作部署，开展了黄河调水调沙、黑河和塔里木河水资源调度、湿地补水等监测，加强了地下水、水质和水土保持监测等，为水生态保护和修复提供了及时的监测信息，做出了突出的贡献。

虽然随着水生态问题日趋严重，水利部加强了水生态保护和修复工作，水文系统也相应加强了水生态监测工作，但这仅仅是水生态监测工作的起步，要全面开展还有很多工作要做。水生态监测是水生态保护和修复的基础和前期工作，要超前谋划，提前实施，水文系统必须发挥监测站网及长期以来积累的水文资料的优势，立足现状，因地制宜，借鉴国外开展有关工作的经验，选择试点，不断总结经验，加强研究，逐步推动水生态监测工作的开展，为水生态保护和修复工作提供更及时准确的信息。

生态监测是环境监测的拓宽，除了新的理论、技术和方法外，环境监测的理论和实践必是生态监测得以发展和完善的基本保证。从 20 世纪 50 年代以来，尤其是 70 年代以来，各相关部门和单位，如国家环保总局、中国科学院、农业部、国家林业局、国家海洋局、国家气象局等，都相继建立了一批生态研究和环境监测站点。如国家环保总局生态监测网站有内蒙古草原生态环境监测站，新疆荒漠生态环境监测站，内陆湿地生态监测站（以洞庭湖湿地生态监测为主，太湖及其他湖泊湿地也进行了一定的湿地生态监测）。海洋生态监测以网湾、天津（渤海湾）、广州（两江口）、上海（长江口）为骨干，进行典型海湾、渔场的海洋生态监测。森林生态监测站有吉林抚松森林生态监测站、武夷山森林生态监测站、西双版纳热带雨林生态监测站。流域生态监测网主要是长江暨三峡生态监测网，对长江流域、三峡库区的生态环境进行定期监测。农业生态监测站有江苏大丰县农业生态监测站，对农业生态中的有关问题进行监测；部分市、县监测站亦对农田土壤、作物进行监测。自然陆地生态监测站有黄山太平陆地生态监测站、张家界（武陵源）陆地生态监测站，对自然风景区、丘陵陆地生态进行监测。

农业部在国家、省、县三级建立了四个（农业、渔业、农垦、畜牧）监测中心站和约 420 个监测站组成农业生态环境监测网络。国家林业局设有 11 个森林生态定位研究站。国家海洋局在浙江舟山和福建厦门设有 2 个海洋生态监测站。中国气象局共设有 70 个观测局部气候因素与作物生长关系的生态监测站。中国科学院在全国主要生态区设有 52 个生态定位研究站，长期进行生态、气候变化监测。

1.3　生态监测技术体系的建设

生态监测技术体系应主要包括生态监测学基础理论体系、生态监测技术路线体系、生态监测技术规范体系、生态监测分析方法体系、生态环境质量评价体系、生态环境监测质量管理体系等六个体系。

1. 建立生态监测学基础理论体系

加强生态监测学基础理论研究，要及时跟踪国内外生态监测新理论的发展动态，创建具有中国特色的生态监测学理论体系，组织编著具有中国特色的现代生态监测学教程。要深化生态监测的社会实践，研究在实践中出现的新情况、新问题，提炼实践中积累的新经验，并上升到理论，揭示生态监测的客观规律。认真研究国内外生态监测新技术的发展趋势，制定适合我国国情的生态监测技术发展战略和规划，确定重点领域和发展方向，颁布相应的全国生态监测现代化发展纲要，建立中国特色的生态监测理论和技术研究体系。

2. 完善生态监测技术路线体系

确定环境空气、地表水、地下水、近岸海域、噪声、振动、固定污染源、生态、固体废物、土壤、生物、电磁辐射、光辐射、热辐射等环境因子的监测技术路线，明确在一定发展阶段的工作目标，筛选各环境因子的监测指标，选择切实可行的监测方法和手段，确定监测技术发展方向，指导生态监测事业发展，形成具有中国特色的生态监测技术路线体系。

3. 完善生态监测技术规范体系

按照填平补齐的原则，全面清理、修订、编制包括空气、地表水、地下水、河流湖泊、土壤、生态、物理、污染源、固体废物、环境监测信息与统计、环境质量评价、质量保证与质量控制、污染事故与纠纷、监测仪器质量检定、建设项目"三同时"验收监测等 15 个方面的 70 个监测技术规范和技术规定，形成适应环境管理需要和与国际接轨的生态监测技术规范体系。

4. 完善生态监测分析方法体系

建立和完善包括各环境因子和监测对象的分析方法标准体系，进一步修订完善包括水和废水、空气和废气、降水、土壤、固体废物、生物、放射性、噪声、振动、恶臭、热辐射、光辐射、电磁辐射等在内的监测分析方法标准，研究开发环境空气或固定源废气监测新方法，制定地表水或污水监测新方法，研究开发生物监测新方法，制定点源废水监测新方法，完善固体废物毒性鉴别试验新方法，构建标准化、规范化的生态监测分析方法体系。

5. 建立生态环境质量评价体系

确定各环境要素及有关监测对象的监测指标体系，建立科学的评价方法和评价模式，研究开发直观的表征技术，提高生态环境质量评价整体水平。

（1）提高生态环境质量现状分析的水平。科学、客观、准确地说清各环境要素的污染程度、主要污染区域以及影响生态环境质量的主要环境问题。

（2）提高生态环境质量变化趋势分析和预测预报的水平。加强对全国及各流域、各区域、各海域在不同时段生态环境质量的变化趋势分析，说清生态环境质量的时空变化规律。提高预测预报能力，定量预测未来生态环境质量的整体变化趋势及各要素、各主要污染指标的浓度变化趋势。

（3）加强综合评价方法和表征技术研究。建立和完善生态环境质量综合评价指标、标准、方法和技术体系，研究科学、简明、实用的评价方法，运用先进、形象、直观的表征技术，客观、准确、全面地评价生态环境质量状况。重点加强多介质环境评价方法学和生态环境安全风险评价方法学研究。选择先进适用的污染迁移扩散模型和地理信息系统，建立反映区域生态环境质量变化规律和发展趋势的环境质量评价模型。结合社会、经济、环境等综合数据库，建立基于生态环境质量，并包含社会、经济、自然、时空等相结合的综合分析评价模型。

6. 健全生态环境监测质量管理体系

建立健全生态环境监测全过程的质量管理体系，包括规章制度等程序文件、质量保证与质量控制技术与方法。

（1）进一步完善空气和废气、地表水和污水、土壤、生物等的生态环境监测手册，制定生态环境监测仪器质量检定、数据采集与传输的手册，编写生态环境监测标准库。

（2）加强国际标准方法、统一方法、推荐方法的研究。加快国际标准方法转化采用的研究工作，分类转化 ISO、IEC 国际标准。

（3）加强生态环境监测全过程 QAPQC 量化评价标准体系的研究。

（4）加强自动监测、应急监测、流动监测等领域的 QAPQC 研究。

（5）继续完善计量认证和持证上岗制度，开展实验室认证认可，确保监测数据的科学、准确、真实、有效。

1.4 监测新技术的应用

早在 20 世纪 70 年代初期,遥感技术就逐渐应用来进行与水体有关的生态、环境的监测。随着遥感技术的快速发展,已逐步成为水生态监测主力军的自动监测技术和无线传感技术,与常规监测技术一起共同组成了水生态安全监测的技术体系。

湖泊水生态安全遥感监测的内容和方法,作为内陆水体的一个重要组成部分,一直是遥感学界关注的热点。随着遥感技术的发展以及水体光学特征研究的深入、反演算法的不断改进,湖泊水生态和环境的遥感分析从定性发展到了定量,定量算法不断成熟。目前可定量分析的参数主要包括悬浮物颗粒、叶绿素 a、浊度以及溶解性有机物等。

湖泊水体受人类活动的影响更为强烈,物质陆源较多,不同的湖泊,水质、物质组成等差异较大,近红外波段散射特性的变化具有很大的不确定性;湖泊水体面积一般较小,受陆地的影响,气溶胶变化较为强烈,而水体在近红外波段的信号很弱,难以准确测量。另外,湖泊中存在大面积的光学浅水,离水辐射除包含来自水体的贡献外,也包含来自湖底底质的贡献。因此高精度地获取近红外波段水体离水辐射的迭代关系存在很大困难,基于精确近红外迭代关系的大气校正方法也受到很大挑战。

水体中的悬浮物、浮游植物、黄色物质(CDOM)以及水体本身是影响水体光谱特征的主要物质。其光谱特征共同决定了水体的遥感影像特征,任一物质含量的变化都会引起水体光谱曲线的变化。因此,通过了解以上物质的光谱特征,就可以间接地从遥感影像中获取水体中污染物时空分布的信息。

水生态遥感可监测的除了以上外,其他的生态指标也有相应的研究。如溶解性有机碳(DOC)、水温、透明度、溶解氧(DO)、化学需氧量(COD)、五日生化需氧量(BOD_5)、总磷(TP)、总氮(TN)等。但这些指标难以从光谱特征中直接得到,一般是利用不同物质之间的相关关系进行遥感分析,间接地推求这些物质的含量。

目前,常用的遥感分析方法有 3 种。

(1)物理方法。利用遥感测量得到的水体发射率反演水体中各组分的特征吸收系数和后向散射系数,并通过水体中各组分浓度与其特征吸收系数、后向散射系数相关联,反演水体中各组分的浓度。

（2）经验方法。这是一种伴随着多光谱遥感数据应用而发展起来的方法。该方法通过经验或遥感数据、地面实测数据的相关性统计分析，选择最优波段或波段组合数据与地面实测参数值，通过统计分析得到算法，进而反演生态参数。

（3）半经验方法。这种方法是随着高光谱遥感技术在水生态、水环境中的应用而发展起来的。其根据非成像光谱仪或机载成像光谱仪测量水生态、水环境参数特征，选择估算水生态参数的最佳波段或波段组合，然后选用合适的数学方法建立遥感数据和水生态参数间的定量经验型算法。

其中，半经验方法以水色机理为基础，正演和反演相结合，通过生物-光学模型解释或模拟遥感数据，能够通过独立于遥感影像的野外数据进行校正，大大降低了对地面实测数据的依赖度，比较适合于湖泊水生态遥感监测。

随着水生态环境问题的日益突出，利用卫星遥感对水体进行水质监测的需求越来越迫切。遥感具有快速、大范围、周期性的特点，具有常规水质监测不可比拟的优越性，且新发射的高分辨率卫星为满足湖泊等内陆水体水质遥感监测提供了技术支持。这些卫星传感器在保证较高空间分辨率的同时，大大提高了光谱分辨率（如Hyperion的空间分辨率30m，时间分辨率16d，波谱分辨率10nm），而一些新的水色遥感器在保证高辐射性能的前提下，大大提高了空间分辨率（如MERIS、HY-1BCZI等都有250m的波段设置），而传统的陆地卫星遥感器在保证高空间分辨率的情况下，普遍提高了信噪比，且加大了刈幅、缩短了重复周期（如Landsat TM设置了水体观测增益，我国的北京1号小卫星有约600km的刈幅），为水体水质参数遥感反演精度的提高打下了良好的技术基础和极有利的技术平台。

我国水生态环境遥感始于20世纪90年代，主要以经验/半经验算法为主，使用的卫星传感器以LANDSAT TM/ETM为主。最近几年来，随着海洋和湖泊野外光学仪器的发展，湖泊生物光学模型的研究逐渐深入，为分析/半分析方法的应用和发展打下了坚实的基础。

国外在这方面做了大量工作，欧洲SALMON计划项目测量调查了欧洲几个典型湖泊（如瑞典的Erken、Vttern、Malaren湖）的固有光学特性（吸收和散射），建立了适合的生物光学模型。在俄罗斯的贝加尔湖、意大利的Albano湖、加拿大Chilko湖以及美国的安大略湖都进行过固有光学特性测量。

国内针对不同湖泊（水库）水体，如江苏太湖、云南滇池、安徽巢湖、吉林查干湖、上海淀山湖、湖北三峡水库等，野外测试获取了大量反射光谱，掌握了湖泊水体光活性物质的基本光谱特征，水色参数反演的半经验算法同样占据主导地位。

使用半经验方法反演的水色参数除叶绿素和悬浮物外，还包括溶解性有机碳（DOC）或黄色物质（CDOM）和藻蓝素（Phycocyanin），其中叶绿素的遥感反演是关注的重点。不同的水体、同一水体在不同的季节，由于水中物质含量以及组成细胞的差异，光谱特征波段会有所偏移，因此，虽然特定区域特定时期水色参数反演的经验/半经验模型在形式上较为稳定，但模型参数还是存在一定的不确定性，需要实测数据参与下的不断率定和校准。基于实测光谱，关联水色参数浓度，可以寻找、发现、分析并掌握水色参数的光谱特征；基于卫星遥感影像，关联水色参数浓度，可以建立实用的水色参数遥感反演模型。方法主要包括基于单波段或波段组合（如比值、差值等）的经验统计回归法、神经网络法、主成分分析法以及遗传算法等，其中尤以统计回归方法最为常见。

但是，当前所用的传感器空间分辨率普遍不高，如最常用的 MODIS 的最高空间分辨率也仅有 250m，极大地限制了这些传感器在湖泊水色遥感中的实际应用。目前还没有一个专门的湖泊水色遥感传感器，湖泊水色/水质遥感主要使用陆地卫星多光谱传感器，如 LANDSAT TM/ETM、SPOT HRV、CBERS CCD、EO-1 ASTER、Beijing-1 CCD 等。这些卫星传感器具有较高的空间分辨率（20～30m），但时间分辨率较低（15～30d），实用性受到很大的限制。

另外，水质参数的定量反演需要较为精细的光谱分辨率（10nm 左右），故高光谱遥感得到高度重视。如星载高光谱传感器 EO-1Hyperion 以及机载高光谱传感器 AVIRIS、OMIS、CASI、AISA+等。但高光谱传感器信噪又比一般较低，很难满足水色遥感的要求。此外高光谱传感器刈幅较窄（如 Hyperion 仅 7.5km），也难满足湖泊水体污染监测的实际需求。

可喜的是，我国的环境与灾害监测预报小卫星（A、B 星）已经成功发射升空，携带的光学传感器具有高空间分辨率（20～30m）、高时间分辨率（2d）、高光谱分辨率（0.45～0.95μm 波谱范围内 128 个波段）以及宽观测幅宽（720km）的性能，将有效提高湖泊水体水色遥感反演的能力和水平。

目前湖泊水体 CDOM、DOC 或 DOM 卫星遥感反演的研究还较少。Kuster 等利用芬兰南部和瑞典南部 34 个湖泊的实测数据，基于 ALI 卫星传感器的波段 2（B2）和波段 3（B3）的比值（B2/B3），建立了 CDOM 含量（用 420nm 处的吸收来表示）的半经验反演模型（幂指数函数），表明当 420nm 处 CDOM 吸收在 0.68～11.13m^{-1} 范围内时，ALI 卫星遥感影像可以用来反演 CDOM 含量。

1.5　生态监测的发展趋势

生态环境监测的总体趋势是：3S 技术和地面监测相结合，从宏观和微观角度来全面审视生态质量；网络设计趋于一体化，考虑全球生态质量变化，在生态质量评价上逐步从生态质量现状评价转为生态风险评价，以提供早期预警；在信息管理上强调标准化、规范化，广泛采用地理信息系统。目前国内北京、上海、重庆、厦门等地都在推进基础数字化工作，推广 GPS 定位观测，这些计划的实施将为区域环境监测提供重要的数据。传统监测手段只能解决局部监测问题，而综合整体且准确完全的监测结果必须依赖 3S 技术。

面向未来的生态与环境监测已经显示出新的发展动向，具体表现如下：

（1）目前以人工采样和实验室分析为主，向自动化、智能化和网络化的监测方向发展。

（2）由劳动密集型向技术密集型方向发展。

（3）由较窄领域监测向全方位领域监测的方向发展。

（4）由单纯的地面环境监测向与遥感环境监测相结合的方向发展。

（5）环境监测仪器将向高质量、多功能、集成化、自动化、系统化和智能化的方向发展。

（6）环境监测仪器将向物理、化学、生物、电子、光学等技术综合应用的高技术领域发展。

总之，随着经济的发展，人口、资源、环境问题的日益严峻，单纯从理化、生物指标监测来了解环境质量已不能满足要求，生态监测是环境监测发展的必然趋势，它必将被广大环境监测工作者逐步认识和掌握。

水生态监测是水生态保护和修复的保障工作，是保护和修复水生态环境的关键，是不可或缺的基础。随着我国社会经济的发展和人民生活水平的提高，开展水生态监测日益重要。今后我国水生态监测分析工作可重点考虑以下几个方面：

（1）河湖健康管理监测。在现有监测的基础上，要根据抗旱及水资源调度的需要，加强干旱期与枯水期旱限水位和流量、生态最低水位和最小流量的研究确定及监测预报工作等；要重视河流、湖泊、水库健康管理监测，实现常年对重要河湖健康的管理；要加强水利工程运行对河湖生态影响监测及调度；要进一步做好湿地补水等的监测；要加强水利部水生态修复和保护试点区的监测。

（2）水质监测。根据生态环境的要求，要在常规水质监测的基础上，增加监测断面和监测项目。之前水文系统已在全国 21 个单位、33 个区域开展了藻类监测试点工作，水利部水文局 2010 年又拟扩大至 40 个区域，有 28 个单位参加，藻类监测试点工作仍可进一步推进。监测内容也需进一步扩大，逐步开展对浮生植物的组成与数量、底栖无脊椎动物的组成与数量等方面的监测。在总结前几年藻类监测试点经验的基础上，不断完善监测技术标准（《试点监测技术规程》），组织编制"常见淡水藻类原色图谱"。针对藻类监测缺乏技术力量，可举办藻类监测技术培训班。各试点单位也应加强相关专业技术人才的引进和培养工作，积极争取藻类监测经费，争取纳入财政预算，购置必要的监测分析设备，全面提升监测能力。

（3）绿水监测。绿水是源于降水、存储于土壤并通过植被蒸散发消耗掉的水资源。从水循环的角度分析，全球尺度上总降水的 65%通过森林、草地、湿地和雨养农田的蒸散返回到大气中，成为绿水流（绿水），仅有 35%的降水储存于河流、湖泊以及含水层中，成为蓝水。要研究植被需水及蒸散发情况，积极开展绿水监测试点。

此外，还应进一步加强地下水监测，特别要加强对生态脆弱区、海水入侵区等特殊类型区的监测；加强土壤墒情监测，要研究分析土壤水，研究地下水、土壤水与植被的关系等；要积极推动水文形态监测，加强河流、湖泊水文及支持生物质量要素的形态情况监测和分析，包括监测湖流和浪高、河湖的深度与宽度的变化、河床结构与底层、河岸地带的结构等。

开展水生态监测可按照下述步骤逐步开展：

（1）立足现状。要在现有水文水资源监测的基础上，因地制宜，逐步开展水生态监测工作。

（2）选择试点。要选择重点流域和地区开展试点，如选择长江、黄河、珠江等流域，以及江西、辽宁、重庆、北京等地区作为试点开展水生态监测。

（3）总结完善。要在试点监测的基础上，不断总结经验，提出水生态监测的指导意见，再进一步扩大试点范围。

（4）制定标准。在继续总结试点监测的基础上，制定相应的技术标准，以便全国推广。

（5）培训人才。水生态监测工作涉及许多学科，需要很多新的知识，因此必须加大人才培训及引进工作，还要加强多学科的合作。

（6）加强研究。要在监测的基础上，进一步加强水生态的分析研究工作，及时为水生态保护和修复工作提供技术支撑。

第2章 永定河生态调查评价

2.1 永定河基本情况

2.1.1 自然地理

1. 地理位置

永定河流域位于东经 112°～117°45″、北纬 39°～41°20″之间，发源于内蒙古高原的南缘和山西高原的北部，东邻潮白河、北运河水系，西临黄河流域，南为大清河水系，北为内陆河。流域总面积 47016km²，其中官厅以上流域面积 43480km²。流域地势西北高、东南低，山区面积占全流域面积的 95.8%。

永定河北京段（幽州—梁各庄）位于北京西部，主河道长约 170km，流经门头沟、石景山、丰台、大兴和房山五个区，流域面积 3168km²，占总流域面积的 6.7%。永定河卢沟桥距市中心天安门广场超过 20km，河底高程较天安门广场高程高约 15m。

2. 地形地貌

永定河北京段流域地处西山东部前缘，地势西北高东南低，东灵山海拔为 2303m，百花山海拔为 1991m，香峪大梁构成北部主要地表分水岭，主要山峰高度 650m 左右。东南部为永定河冲洪积作用形成的平原区，山前坡降为 2‰左右，高程一般为 50～70m。

流域地貌单元主要为侵蚀构造地貌和平原堆积地貌。侵蚀构造地貌是以侵蚀切割作用为主形成的，分布于区内西部及西北部，高程一般为 100～500m，北部香峪大梁为东西向的分水岭，西部香山—福惠寺为南北向的分水岭。分水岭两侧冲沟发育，其次在山前地带分布有高程在 90～150m 的残山，如玉泉山、老山、田村山等。平原堆积地貌是以永定河携带的冲洪积物堆积为主形成的，分布在东部平原区，其地貌形态表现为河漫滩和一级阶地。

3. 土壤植被

永定河北京段上游海拔 1000m 以上中山地带，土壤为山地棕壤；海拔 1000m

以下的低山地带，土壤为本区地带性土类褐色土。其中，在中山阳坡发育着粗骨性棕壤，低山阳坡发育着粗骨性褐土，而阴坡发育着典型棕壤与淋溶褐土。

中游流经城区，多为火山岩及碳酸岩的褐黄色的亚黏土。下游主要成土母质有冲积洪积物、冲积物和冲积风积物，土壤瘠薄、干旱，以潮土为主，河床内部分地区为细砂土、粉砂土。

4. 气候

永定河流域属温带大陆性季风气候，是暖温带与中温带、半干旱与半湿润的过渡地带。春季干旱多风，夏季炎热多雨，秋季天气凉爽，冬季寒冷干燥，冬夏两季气温变化较大。多年平均气温 11.7℃，年极端最高气温 40.2℃，年极端最低气温-22.9℃。1 月平均气温-4.3℃，7 月平均气温 28.2℃。流域日照平原区多年平均值为 2660h 左右，山区相对少些。多年平均水面蒸发量 1100mm，多年平均相对湿度 58%。年无霜期平原区 180～190d，山区 150～160d。由于地形影响在低矮谷地及永定河河床地区形成风口地带，该流域每年 9 月至次年 5 月多为西北风，其他月份多为东南风。多年平均风速 2.55m/s 左右，最大风速达到 20m/s。

2.1.2　河流水系

永定河是海河流域北系的最大河流，也是全国四大重点防洪江河之一。永定河上游有桑干河、洋河两大支流。桑干河发源于山西省宁武县，洋河发源于内蒙古兴和县，两河在河北省怀来县朱官屯汇合后称永定河，注入官厅水库。在库区纳妫水河后进入官厅山峡，于三家店出山峡，进入平原后两岸由堤防束水，在梁各庄进入永定河泛区，有天堂河、龙河纳入，经泛区调蓄后至屈家店与北运河汇合，部分洪水由北运河入海河，大部分洪水由永定新河于北塘入海。

永定河全长 747km，其中北京境内长约 170km。自官厅水库至三家店间的峡谷河段，流域面积 1600km²，干流河长 108.7km，其中北京段长 92km。高差约 340m，平均纵坡 3.1‰，河宽 70～80m 至 200～300m 不等。山峡两岸峭壁陡峻，高山连亘，水流随山弯曲。山峡两岸有湫河、清水河、清水涧、军庄沟等十几条支流汇入。永定河出三家店后，进入平原，地势平坦。三家店至卢沟桥（简称卢三段）河道长约 17.4km，河宽逐渐扩展，堤距 500～1500m，河道纵坡约为 3‰，其间有城子沟、门头沟、高井沟、中门寺沟、冯村沟等支流汇入。卢沟桥至市界梁各庄段（简称卢梁段）河道长约 60.8km，河道宽度变化较大，卢沟桥处河宽 220m，北天堂堤距最大为 1870m。此段河道为地上悬河，河床底较堤外地面高出 5～7m，主槽纵坡为 1‰～0.38‰，主要支流有天堂河、龙河，均发源于大兴区立堡村附近，是大兴区南部的排涝河道。

永定河流域示意图如图 2-1 所示。

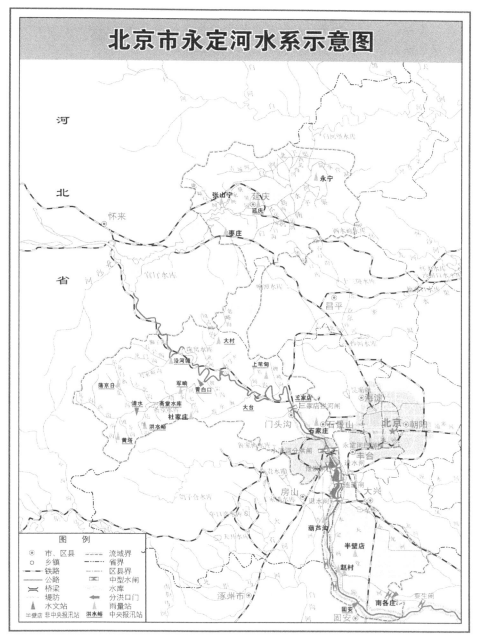

图 2-1 永定河流域示意图（彩图见书后）

2.1.3　水资源

1. 降水量

北京市境内永定河流域 1956—2000 年多年平均降水量 512.8mm，其中山区年降水量 500.2mm，平原地区年降水量 559.1mm。

降水年际变化大，丰枯水年份连续或交错出现。年最大降水量为 1956 年的 895.5mm，最小为 1965 年的 305.1mm，相差近 3 倍。从 1956—1979 年和 1980—2000 年两个系列比较来看，变化较大，1956—1979 年流域平均降水量为 551.4mm，比 1980—2000 年系列的 468.7mm 多 82mm，表明 1980 年以来的降水量比 1956—1979 年有了较大的减少。

降水年内分配也很不均匀，主要集中在汛期 6—9 月，占全年的 80% 左右。降雨多以暴雨的形式出现，造成永定河汛期洪水来势猛，但由于官厅山峡上游修建了官厅水库以及在市界内修建了斋堂水库，大大减少了洪水的威胁。

1999 年以来北京市遭遇连续干旱，永定河流域 1999—2010 年平均降水量 429.6mm，为多年平均的 83.8%。

2. 水资源量

北京市境内永定河流域 1956—2000 年多年平均天然径流量 1.47 亿 m^3，其中山区 1.18 亿 m^3，平原区 0.29 亿 m^3。

2010 年永定河流域地表径流量 1.17 亿 m^3，地下水资源量 2.99 亿 m^3，水资源总量 3.87 亿 m^3。

永定河流域 1999—2010 年年均地表水资源量 0.86 亿 m^3，地下水资源量 2.45 亿 m^3，水资源总量 3.00 亿 m^3。

永定河流域多年平均入境水量 7.05 亿 m^3，出境水量 2.33 亿 m^3。1999—2010 年入境水量 1.05 亿 m^3，比多年平均衰减 87.1%，出境水量 0.04 亿 m^3，比多年平均衰减 94.6%。

2010 年永定河流域入境水量 1.22 亿 m^3，出境水量 0.2 亿 m^3。

2.1.4　社会经济

永定河北京段五个区 2010 年常住人口 532.8 万，地区生产总值 1800 亿元，三产比例为 1.9：39.1：58.9，人均地区生产总值 3.4 万元，城市化率 72.2%，人口密度 1095 人/km²，建成区面积占 20.8%。

境内有京广铁路、京九铁路、京石高速公路等重要交通设施，有供油、汽、水管线和大型变电站等重要生产生活设施，有首钢、北京电力设备总厂、长辛店车辆厂等重要的工矿企业。永定河流域是北京京西生态屏障，是北京市未来发展的战略空间和参与京津冀区域合作的重要门户通道。

2.1.5 生态环境现状

永定河（北京段）流域大部分面积被林地和草地覆盖，约占总面积的 77%，在清水河流域、清水涧流域和下马岭沟流域还存在水土流失区。流域中有 10% 的土地没有利用，主要是荒山与河谷。流域中水域面积比例极小，只有 0.4%，集中在三家店以上的山区中，由河流及水库组成。居民区面积占 7.2%，集中在河边，主要有斋堂镇、军庄镇、门头沟镇，石景山区、大兴区、丰台区的城镇，见图 2-2 和图 2-3。

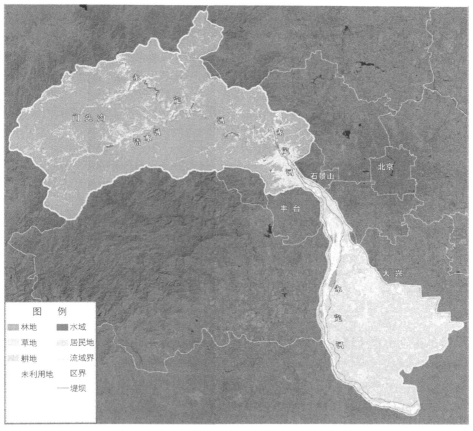

图 2-2　永定河流域卫星解译图（彩图见书后）

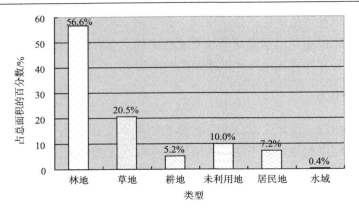

图 2-3 永定河流域土地利用分类

永定河三家店以下两堤之间面积约为 97km²，其中水面面积 0.35km²，占总面积不足 1%；村镇面积 4.1km²，占总面积 4%；林地、草地、耕地面积 55km²，占总面积 57%；裸露的土地 37km²，占总面积 38%，见图 2-4。由此可见，永定河三家店以下几乎没有水生生态系统存在，生态系统以陆地生态系统为主。人类的活动也很频繁，既有农业活动，还有居民生存。河道以内的居住面积远远大于水面面积。

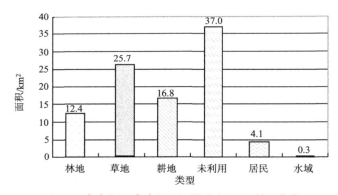

图 2-4 永定河三家店以下两堤之间土地利用分类

为了更进一步摸清河道及堤岸生态现状，本次研究进行了现场调查。通过现场调查可以看到，永定河生态现状随着地理位置、水资源状况而发生变化。在山区有水河段，生态现状较好，在平原缺水地段，生态状况较差。当河中有水时，河漫滩、河两岸的植被丰富，动植物多样性较好；当河中水少时，河道扬沙，河漫滩、河两岸的植被稀少，动植物多样性较差。

永定河在北京市境内是间歇性的。从上游沿河而下，水绿逐渐减少，空气中的扬尘逐渐增多。根据水量和水质情况可以分成如下三段：

（1）官厅水库坝下—三家店水库段：有水，植被丰富，生物多样性较好。

该段从官厅水库坝下—三家店水库全长约108.7km，北京市界内主河道长91.2km，大部分河段有水，个别地段由于电站发电引水出现断流，如珠窝水库至下马岭河段，落坡岭水库坝下至苇甸沟入河口处。其间在王平村附近河中有少量污水，其他地段砂石裸露，植物稀少，飞沙扬尘。在丁家滩附近，河道径流充沛，滩地上树木成林，浅水区水生植被丰富。苇甸沟以下的樱桃沟至陈家庄、军庄段干流河中流量较小，但仍有水流动，大部分水经右侧引水渠进入发电厂。水中动植物丰富，生长良好。军庄下游是三家店水库，水库入口处有长近50m、宽约100m的菖蒲，右岸有长约400m，宽为20～50m的芦苇。库区水质较好，有野鸭、鱼以及其他鸟类出没，岸边生长紫穗槐等灌木。

（2）三家店—卢沟桥段：水少，并有少量扬尘。

在三家店—京原公路河段有水，其他部分干涸。有水河段，植被生长茂盛，生物多样性较好；无水河段，尘土飞扬，生物多样性较差。大堤外基本建起了绿化带，但上下游没有完全连通，未形成绿色网络。

在冯村沟以下干流，植物减少，河道中几乎没有水流动，裸露的砂石增多。京原路漫水桥以上约2km河道中，乱采砂石形成很多深达几十米的深坑。卢沟晓月湖区内虽然没有水，由于没有乱采砂石，植物生长茂盛。

右堤门头沟区，广宁路以上，京原路—广宁路之间，总长约10km，宽30m地段绿化带没有建成，堤顶及堤外土地裸露。

左岸石景山地区，首钢附近地带，现状为长约1.3km，总面积80775m²的绿化空白地带。下游的南大荒林场，由于缺水造成树木死亡，旁边的河堤上堆满垃圾。

丰台区新右堤与老堤之间绿化带也没有建成。该地带位于阴山嘴公园—卢沟桥新旧堤之间。目前有很多深为20～30m的砂石坑，是建筑垃圾填埋场，总面积约2000亩，属河道保护范围内约200亩。右堤靠水一侧，左堤堤顶长约1.58km没有绿化。

（3）卢沟桥—市界段：该河段多年干涸无水，扬尘扬沙较严重。

在平整压尘后黄良公路以上河段，植被较丰富，覆盖度较高，基本没有扬尘扬沙；黄良公路以下河道仍有偷挖砂石的现象，植被覆盖度较低，是主要的扬尘扬沙段。大堤外基本建起了绿化带，但仍然存在间断部分，上下游没有完全连通。

绿化带空白地段主要有：左堤大兴区黄良铁路以上450m堤坡除险加固后段；

黄良公路—赵村约 12.6km 左堤堤顶段;赵村上堤路口附近靠河一侧堤顶约 1000m 段;右堤房山区窑上—固安右堤堤顶段。

河道水生态状况较差。从卢沟桥站 1987—2000 年资料统计中可以看出,卢沟桥以下河道大部分时间是干涸的,详见表 2-1。

综上所述,断流缺水、扬沙少绿、水质污染、乱丢垃圾、生物多样性降低、水文化价值降低是目前永定河存在的主要生态问题。

表 2-1　卢沟桥站近年断流统计表

年份	断流天数/d	长度/km
1987	356	45
1988	233	45
1989	322	45
1990	358	45
1991	360	45
1992	365	45
1993	365	45
1994	365	45
1995	349	45
1996	186	45
1997	340	45
1998	341	45
1999	365	45
2000	335	45

2.1.6　生态现状分析

从上面永定河现状可以看出,气候、河川径流、人类活动、管理不利、资金不足等都影响着其河道生态。

1.　自然原因

气候干旱化,径流减少。根据三家店站 1956—2000 年降雨、径流系列进行分析可知,两者都呈下降的趋势,见图 2-5。从图 2-5 中可以看出,天然降雨和径流都呈下降趋势,实测径流量由于是人为控制官厅水库的下泄,因此变化不大,但都经永定河引水渠进入城市供水网络,没有流入三家店下游河道中。

2. 人类活动

采矿业造成直接污染。在苇甸沟入口上游左滩有灰厂、煤厂，占据了部分河道。永定河流域北京界内有约290座煤矿，采矿造成山体裸露，遇到暴雨形成泥石流或水土流失。火电厂灰矿遇到暴雨进入河道，使水体浑浊。

人类另一个破坏作用较大的活动是挖沙。三家店以下河道开采砂石形成大小不一的深坑，植被无法生长的地方遇到刮风就形成扬沙扬尘。

城镇及工业废水污染河流。永定河流域城镇占地比例较小，但从永定河流域卫星影像图中可以明显看出，村镇聚集在主河道两岸，人口集中。这些位于河边的城镇生活污水、工业废水没有经过处理，直接排入永定河造成水体污染。水污染以点源为主，有明渠、暗渠和涵管三种形式，三家店以上共有7个污水口，三家店—大宁水库共有14个污水口，点污染源情况见表2-2。

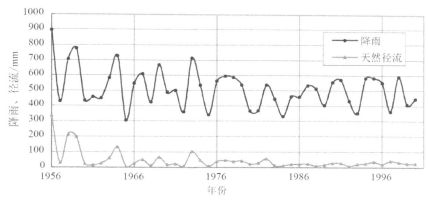

图 2-5 三家店多年降雨、径流趋势图

表 2-2 永定河直接入河排污口统计表

编号	排污口名称	所在位置			排污口类型	污废水性质	排放量/（万 t/a）	排污单位
		地市县	地点	左右岸				
1	珠窝电厂	门头沟	珠窝	左岸	明渠	工业	30	珠窝电厂
2	翅卫生院	门头沟	雁翅	左岸	暗渠	生活	0.067	雁翅卫生院
3	二轴厂落坡岭污水处理厂	门头沟	落坡岭	右岸	暗渠	生活	2.16	北京人民轴承厂
4	王平村电厂	门头沟	王平村	左岸	暗渠	工业	0.9	王平村电厂
5	王平村沟	门头沟	王平村	右岸	明渠	混合	30	北岭办事处
6	南涧沟	门头沟		右岸	明渠	混合	3.11	北岭办事处

续表

编号	排污口名称	所在位置			排污口类型	污废水性质	排放量/（万 t/a）	排污单位
		地市县	地点	左右岸				
7	军庄沟	门头沟	军庄	左岸	明渠	混合	31.1	场坨煤矿、新港水泥厂
8	城子沟	门头沟	城子	右岸	明渠	混合	30	城子办事处
9	黑水河	门头沟		右岸	明渠	混合	60	京煤集团
10	中门寺沟	门头沟	侯庄子村	右岸	明渠	混合	47	龙泉镇
11	冯村沟	门头沟	冯村	右岸	明渠	混合	77.76	永定镇
12	高井排洪渠	石景山	麻峪	左岸	明渠	混合	10	五里坨、高井地区
13	石电排水管	石景山	养三站	左岸	涵管	工业	0.8	京能热电厂
14	广宁排水管	石景山	养三站	左岸	涵管	混合	3	广宁、铁路、京能热电厂
15	石电排灰管	石景山	石电厂	左岸	涵管	工业	1	京能热电厂
16	养马厂排水管	石景山	养马厂	左岸	涵管	混合	0.5	首钢
17	水泥厂排水穿堤涵管	石景山	水泥厂东	左岸	涵管	混合	2	燕山水泥厂及相关地区
18	长辛店排水涵	丰台区	大宁水库	右岸	暗沟	混合	0.1	长辛店镇
19	长辛店雨水节制闸	丰台区	大宁水库	右岸	暗沟	雨水	0.04	槐树岭地区等地
20	长辛店家属区排污管	丰台区	大宁水库	右岸	暗沟	生活	0.18	水利局、自行车改制厂
21	长辛店自来水厂	丰台区	大宁水库	右岸	暗沟	工业	0.1	长辛店镇自来水厂

3. 资金投入不足，管理不到位

从本次的调查可以看出，河道两侧的绿色护林带没有完全连通，与资金投入不足有直接关系。堤防上随处可见的垃圾，枯死的树木，乱挖砂石，主要是河道管理资金不到位，权限不明，执法人员配置不齐，无法形成强有力的管理造成的。

2.2 永定河流域监测现状调查

从 1972 年开始，国内就开始了对永定河水体水质、有毒有害物质等的监测研究，部分专家学者针对不同的研究目的，选取永定河流域相应河段的水体水质指标进行一段时间的监测并进行分析。20 世纪 90 年代末期至 2000 年初期，为了缓解北京市的严重缺水问题，实现双水源供水的目标，首都师范大学及中国科学院生态中心曾开展过永定河（官厅—三家店）河段地表水中重点有毒有机污染物、有机污染物致突变性的监测和研究。2000年后，中国科学院生态中心及北京市水利科学研究所也进行过官厅水库及下游（截止到三家店）水体中持久性有机氯农药污染，枯水期水体氮、磷和重金属含量分布规律的监测和研究。但迄今为止，官厅水库下游永定河水系（三家店以下河段）水体监测和研究的报道较少。

另外，水利系统相关单位对永定河流域环境开展了常规定点、定时监测工作，目前负责永定河北京段生态监测的相关单位有北京市永定河管理处、北京市水文总站、北京市气象局以及北京市水文地质工程地质大队等。监测内容涉及水文、气象、雨量、地表水水质、地下水水质以及生物监测等。其中生物监测工作于近两年开展，监测点布设在三家店水库大坝上1处，一年监测约3次。监测内容有浮游植物、浮游动物、底栖大型无脊椎动物、植物（挺水、沉水）等。

水体底泥、河滨带土壤、土壤动物以及陆生动物等目前没有进行监测。此规划将在已有监测体系的基础上，增加监测点位及监测内容，完善已有监测体系；并增加评估体系、管理和预警软件等内容。

2.2.1 地表水监测现状

1. 地表水水文监测现状

北京界内永定河干流已有水文监测站3处，分别为雁翅、三家店、卢沟桥水文监测站。各监测站点位布设如图2-6所示，主要监测项目为：水位、流量、流速、蒸发、水温、降水、冰情等。

监测现状如下：

水位测量：采用自动监测方式，可实现水位自动、实时监测及数据运传。

流量测量：雁翅站自动化监测仪损坏，现闲置；其他点位都是人工监测，采用三角堰推流，堰闸测流的方式测量。

蒸发测量：在卢沟桥处用E601型蒸发器人工监测，每天1次。

水温测量：早8:00，人工监测，每天1次。

泥沙测量：人工监测，仅在河流有泥沙时监测，如夏季洪水期，泥沙量大时监测。

山峡段上游支流清水河有4处水文监测站，分别为清水、斋堂、青白口、官厅出库水文站，用于监测清水河支流入永定河干流的水文指标、斋堂水库入库和出库水文指标，以及官厅水库出库水文指标等。

2. 地表水水质监测现状

永定河北京界内已有的地表水水质监测站点为青白口、雁翅、清水涧口、三家店、衙门口、卢沟桥、大宁水库、崔指挥营 8 个地表水质监测站，各水质监测站点位现状分布如图 2-6 所示。

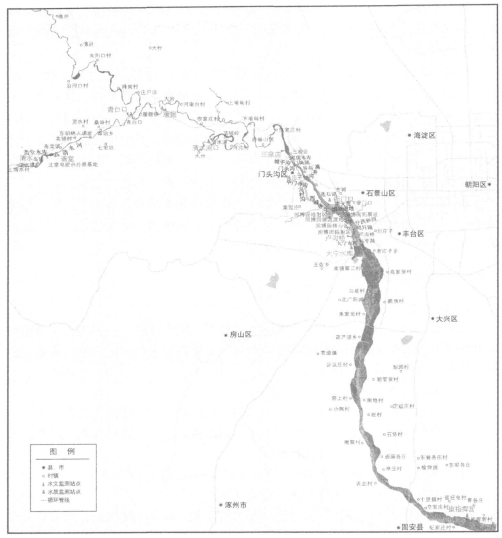

图 2-6　永定河北京段水文站、水质站现状示意图（彩图见书后）

地表水水质监测项目应符合表 2-3 必测项目要求，同时也应根据不同功能水域污染物的特征，增加表 2-3 中某些选测项目［《水环境监测规范》（SL 219—98）］。

表 2-3　地表水水质监测项目

类型	必测项目	选测项目
河流	水温、pH 值、悬浮物、总硬度、电导率、溶解氧、高锰酸盐指数、五日生化需氧量、氨氮、硝酸盐氮、亚硝酸盐氮、挥发酚、氰化物、氟化物、硫酸盐、氯化物、六价铬、总汞、总砷、镉、铅、铜、大肠菌群	硫化物、矿化度、非离子氮、凯氏氮、总磷、化学需氧量、溶解性铁、总锰、总锌、硒、石油类、阴离子表面活性剂、有机氯农药、苯并（a）芘、丙烯醛、苯类、总有机碳等
湖泊水库	水温、pH 值、悬浮物、总硬度、透明度、总磷、总氮、溶解氧、高锰酸盐指数、五日生化需氧量、氨氮、硝酸盐氮、亚硝酸盐氮、挥发酚、氰化物、氟化物、六价铬、总汞、总砷、镉、铅、铜、叶绿素a	钾、钠、锌、硫酸盐、氯化物、电导率、溶解性总固体、侵蚀性二氧化碳、游离二氧化碳、总碱度、碳酸盐、重碳酸盐、大肠杆菌等

　　监测频次为每月一次,除三家店监测点采用人工采样与自动监测两种方式外,其他各处监测点目前仍以人工采样监测方式为主。

　　3. 雨量监测现状

　　已有雨量监测站 6 个（图 2-7）：沿河城雨量站、雁翅站水文站、三家店水文站、麻峪雨量站、卢沟桥水文站、赵村雨量站,监测项目是降水量。其中雁翅、三家店、卢沟桥水文监测站监测指标中有降水量一项。采用自动监测方式,实现对雨量的实时在线监测。

　　山峡段上游各支流分布有较多雨量站,主要分布在清水河,如上清水、斋堂、军饷、青白口等雨量站,其他支流雨量站有大村、上苇店、大台雨量站。

2.2.2　地下水监测现状

　　1. 地下水水质监测现状

　　永定河北京段附近地下水水质监测井共 17 个,见表 2-4,主要是征用民用自备井,具体位置如图 2-8 所示。

表 2-4　北京段永定河附近的地下水水质监测站表

区县名	井名	区县名	井名	区县名	井名
门头沟区	侯庄子	丰台区	沙锅村	房山区	官道
门头沟区	栗园庄	丰台区	王佐	房山区	葫芦垡
石景山区	衙门口	房山区	北广城	房山区	公议庄
丰台区	老庄子构件厂	房山区	小陶村	大兴区	十里铺
大兴区	定福庄	大兴区	鹅房	大兴区	东瓮各庄
大兴区	前管营	大兴区	曹各庄		

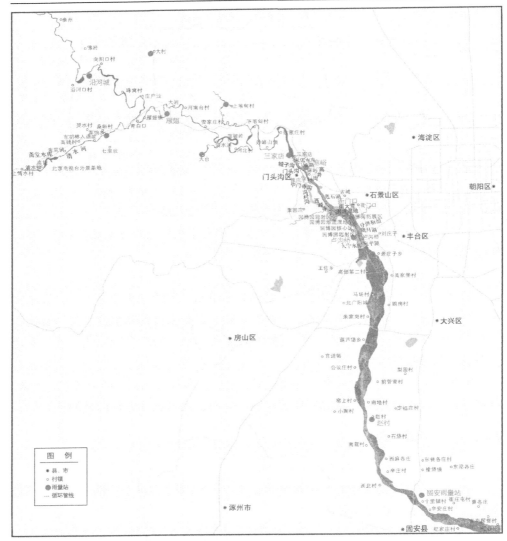

图 2-7　永定河北京段已有雨量站现状示意图（彩图见书后）

由图 2-8 可知，永定河山峡段沿线没有地下水监测井，城市段沿线有 9 眼监测井，郊野段沿线有 8 眼监测井。

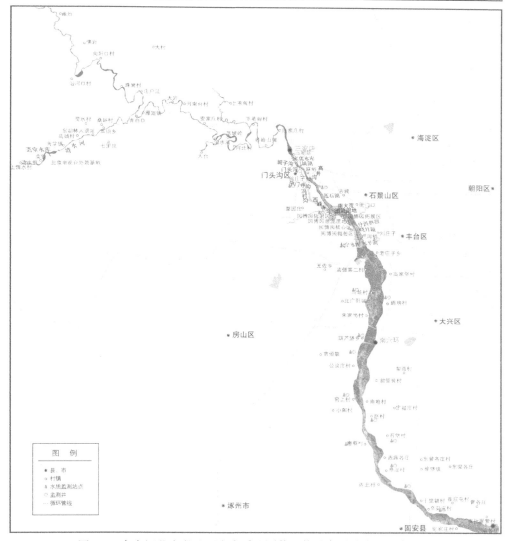

图 2-8 永定河北京段地下水水质监测井现状示意图（彩图见书后）

地下水水质的主要监测项目包括两部分［《水环境监测规范》（SL 219—98）］：一是 23 个必测项目，分别为 pH 值、总硬度、溶解性总固体、氯化物、氟化物、硫酸盐、氨氮、硝酸盐氮、亚硝酸盐氮、高锰酸盐指数、挥发性酚、亚硝酸盐氮、高锰酸盐指数、挥发性酚、氰化物、砷、汞、镉、六价铬、铅、铁、锰、大肠杆菌；二是 19 个选测项目，分别为色、嗅和味、浑浊度、肉眼可见物、铜、锌、钼、钴、阴离子合成洗涤剂、碘化物、硒、铍、钡、镍、六六六、滴滴涕、细菌总数、总α放射性、总β放射性。监测时满足必测项目要求，并根据地下水用途及情况选测各有关监测项目。

监测方式为手动监测，每年 2 次，丰水期和枯水期各一次。

2. 地下水水位监测现状

永定河北京段附近地下水水位监测井共 10 个，见表 2-5，具体位置如图 2-9 所示。其中山峡段没有地下水水位监测井，城市段有 4 个，郊野段有 6 个。设有自动监测井，并同时采用人工监测方式，监测频率为每 5d 一次。

表 2-5　北京段永定河附近地下水水位监测井表

区县名	井名	区县名	井名	区县名	井名
门头沟区	栗园庄	房山区	小陶村	大兴区	辛村
石景山区	古城	房山区	公议庄	大兴区	辛安庄
丰台区	刘庄子	大兴区	西麻各庄		
房山区	北广阳城	大兴区	前管营		

3. 课题组施工的监测井现状

2009 年底，课题组在永定河流域平原段设计并施工了 4 组共计 16 眼地下水监测井，分别位于永定河东岸莲石路北（1 眼）、卢沟桥拦河闸北（5 眼）、鹅房（5 眼），赵村河段（5 眼）。其中城市段 11 眼，郊野段 5 眼，见表 2-6 和图 2-10。课题组对监测井进行了抽水试验和取样测试工作。

表 2-6　课题组施工监测井

孔号	位置	孔深	成井日期	孔号	位置	孔深	成井日期
DXH1-1	永定河鹅房	31	2009-12-11	DXH2-4	永定河赵村段	41	2009-12-06
DXH1-2	永定河鹅房	31	2009-12-10	DXH2-5	永定河赵村段	41	2009-12-07
DXH1-3	永定河鹅房	40	2009-12-08	FTH1-1	永定河东岸莲石路北	67	2009-10-10
DXH1-4	永定河鹅房	27.7	2009-11-29	FTH2-1	卢沟桥拦河闸北	48	2009-11-27
DXH1-5	永定河鹅房	28.8	2009-11-27	FTH2-2	卢沟桥拦河闸北	60	2009-11-23
DXH2-1	永定河赵村段	41	2009-12-02	FTH2-3	卢沟桥拦河闸北	60	2009-11-20
DXH2-2	永定河赵村段	41	2009-12-04	FTH2-4	卢沟桥拦河闸北	51.5	2009-11-24
DXH2-3	永定河赵村段	41	2009-12-05	FTH2-5	卢沟桥拦河闸北	47	2009-12-02

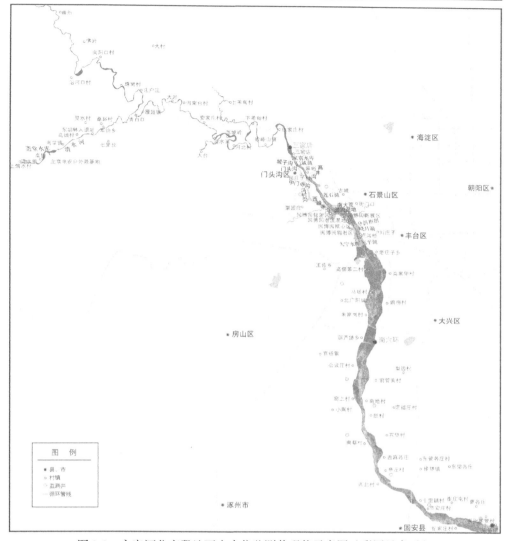

图 2-9　永定河北京段地下水水位监测井现状示意图（彩图见书后）

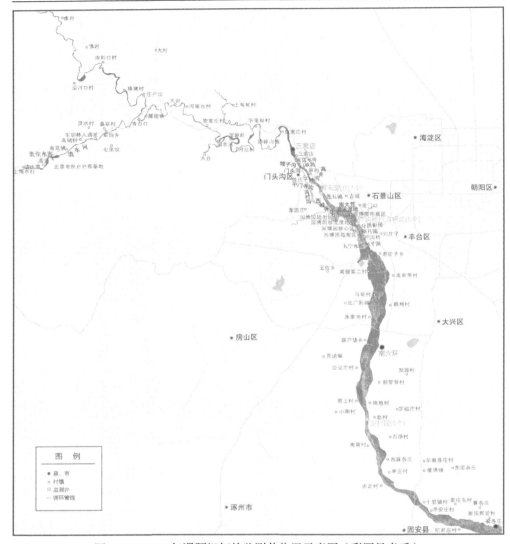

图 2-10　2009 年课题组打的监测井位置示意图（彩图见书后）

2.2.3　气象监测现状

按照城区大约间隔 5km、郊区 10～15km 的建设原则，北京市气象局现已建成多要素自动气象站 177 个(有人自动站 20 个，无人自动站 157 个)，并在市局建立中心站组网，实时收集、监控、发布自动气象站观测数据，自动气象站观测项目主要包括气压、温度、湿度、风向、风速、雨量等要素。

永定河北京段气象监测站现状示意图如图 2-11 所示，黄色圆点为永定河北京段附近已有自动气象站。可以看出，气象监测范围覆盖永定河的自动气象站，山峡段 3 个，城市段 4 个，郊野段 1 个。

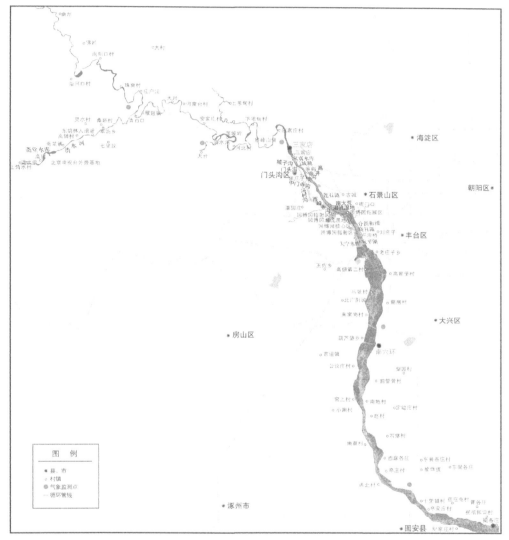

图 2-11　永定河北京段气象监测站现状示意图（彩图见书后）

监测现状统计表见表 2-7。

表 2-7　监测现状分类表

分类	监测项目	方式		频次
水文	水位	自动监测		实时在线
	流量	人工	三角堰推流，堰闸测流	
	蒸发	人工	E601 蒸发器	1 次/d
	水温	人工	早 8:00	1 次/d
	泥沙	人工	仅在河流有泥沙时，如夏季洪水期	不定时
雨量	降水	自动监测		实时在线
		人工监测		
气象	气压，温度，湿度，风向，风速等	自动监测		实时在线
地表水水质	河流：水温、pH 值、悬浮物、总硬度、电导率、溶解氧、高锰酸盐指数、五日生化需氧量、氨氮、硝酸盐氮、亚硝酸盐氮、挥发酚、氰化物、氟化物、硫酸盐、氯化物、六价铬、总汞、总砷、镉、铅、铜、大肠菌群（23 项必测）；硫化物、矿化度、非离子氮、凯氏氮、总磷、化学需氧量、溶解性铁、总锰、总锌、硒、石油类、阴离子表面活性剂、有机氯农药、苯并（a）芘、丙烯醛、苯类、总有机碳（17 项选测）。湖泊水库：水温、pH 值、悬浮物、总硬度、透明度、总磷、总氮、溶解氧、高锰酸盐指数、五日生化需氧量、氨氮、硝酸盐氮、亚硝酸盐氮、挥发酚、氰化物、氟化物、六价铬、总汞、总砷、镉、铅、铜、叶绿素 a（23 项必测）；钾、钠、锌、硫酸盐、氯化物、电导率、总 α 放射线、溶解性总固体、侵蚀性二氧化碳、游离二氧化碳、总碱度、碳酸盐、重碳酸盐、大肠杆菌（14 项选测）	三家店监测点以自动和人工监测相结合；其他各处以人工监测为主		12 次/a
地下水水位	水位	自动监测		实时在线
		人工监测		5d 一次
地下水水质	pH 值、总硬度、溶解性总固体、氯化物、氟化物、硫酸盐、氨氮、硝酸盐氮、亚硝酸盐氮、高锰酸盐指数、挥发性酚、亚硝酸盐氮、高锰酸盐指数、挥发性酚、氰化物、砷、汞、镉、六价铬、铅、铁、锰、大肠杆菌（23 项必测）；色、嗅和味、浑浊度、肉眼可见物、铜、锌、钼、钴、阴离子合成洗涤剂、碘化物、硒、铍、钡、镍、六六六、滴滴涕、细菌总数、总 α 放射性、总 β 放射性（19 项选测）	人工手动监测	主要利用民用自备井	2 次/a，丰水期和枯水期各一次

2.2.4　生物监测现状

永定河附近已有的生物监测站为位于门头沟区三家店镇的三家店水库生物监测站，监测方式以人工采样为主。监测内容主要分为生境指标和生物指标两部分，具体各项指标与频次见表2-8。

表 2-8　生物监测指标与频次

分类	指标	项目		频次/（次/a）
生境指标	重要生境	产卵场、索饵场、越冬场：分布、生境状况、栖息生物		1
		自然河段、河口、洲滩、浅水湾等：分布、面积、生物利用情况		
	河流环境	河道河岸自然性、整体性、流域水土流失与河流泥沙、水利建筑等		
生物指标	物种多样性指标	水生维管植物	种类组成、群落类型、生物量、分布、生长状态	3
		浮游植物	种类、分布（地域分布和空间分布）、生物量（密度）、优势种及优势度	3
		叶绿素 a	含量、分布	3
		浮游动物	种类、分布（地域分布和空间分布）、生物量（密度）、优势种及优势度	3
		底栖生物	种类、分布、密度、生物量、优势种及优势度	3
		两栖类	种类	3
	重要生物	保护生物：种类（群）、生境需求		1

2.2.5　监测现状分析

我国的环境监测事业起步于 20 世纪 70 年代，伴随着人们对环境保护认识的深化和环保工作的需要逐步发展起来。目前环境监测的性质、地位、作用和环境监测站的职能没有法定化，缺乏规范全国环境监测工作的法律法规，生态环境监测缺乏统一的标准，国家仅在农业、海洋等方面研究制定了比较具体的技术规范。环境监测工作比较注重城市环境监测、工业污染源监测、环境质量监测，而忽视了生态环境监测。我国当前的生态监测主要限于污染生态监测，现有监测能力、技术与设备水平有限，监测基础薄弱，监测技术体系尚不完善，缺乏监测资质和质量监督机制，生态监测评价经验不多，对生态系统规律性认识不够，因此确定当前优先监测指标必须从实际出发，属于污染的生态指标仍为当前优先监测指标。同时，由于经济发展过快对生态环境形成压力影响的指标的监测，在当前亦显得十分迫切，需尽快列入优先监测指标。

对于永定河的生态监测，目前尚缺少具体方案和有针对性的布设监测方法，没有针对具体河段的河道特点和生态环境要求进行适当的点位设置和监测安排。已有的监测站点及其相应的监测内容，处于初步阶段，需要更进一步的规划，方可为整个永定河北京段的生态治理提供有效的监测保障，为生态环境的评估提供依据。关于永定河水体水质，虽然国内已经做过一些相关的监测和研究，但对永定河水系三家店以下河段的水体监测和研究较少，而且随着政府逐步加大对永定河的生态修复力度，水系的生态环境状况也在逐步发生变化，目前还没有一个系统、先进的生态监测体系对永定河的生态状况进行动态监测，这对永定河生态系统构建与修复和后续水质的保障是非常不利的。

第3章　永定河生态监测规划的意义

3.1　生态监测规划的必要性

永定河生态监测可为河流生态系统构建与修复提供最基础的数据，是生态修复和后续水质保障的基本依据，开展制定永定河生态监测规划并按规划实施非常必要。

1. 规划定位的需要

永定河是北京的母亲河，她孕育了北京灿烂的文化和文明。北京就是在永定河的洪积冲积扇上形成和发展起来的，没有永定河就没有北京城。已批复的《北京城市总体规划修编》（2004—2020年）将永定河定位为"京西绿色生态走廊与城市西南的生态屏障"，生态作用和地位极其重要。2009年8月北京市委常委会讨论通过了《永定河绿色生态走廊建设规划》，根据初步规划，到2014年，北京地域内的永定河将自上而下形成溪流—湖泊—湿地连通的健康河流生态系统，沿河依次建成生态自然景观、城市景观和田园景观，把永定河建成有水的河、生态的河、安全的河，扩大沿河五区的城市发展空间，改善投资环境，发展水岸经济。这就需要有一套生态监测评价体系为治理后的河流生态系统保驾护航，主要是针对已经修复完成的永定河生态环境进行监测研究，为生态环境的治理评估提供数据支撑和评价依据。确保生态治理达到目标，发挥其改善环境及拉动经济的作用。

2. 水体水质保障的需要

永定河目前断流缺水，规划确定适宜的生态需水量约1.3亿 m^3。生态用水水源主要包括：官厅水库、再生水、雨洪水和外调水。其中官厅水库可供三家店以下河道水量为1000万~3000万 m^3/a；五里坨、门城、清河、小红门再生水可为永定河提供环境用水约1.2亿 m^3/a；三家店以下河道的雨洪资源，主要来源于门头沟区的城子沟、门头沟、中门寺沟、西峰寺沟和石景山区的高井沟等，山洪沟总流域面积110km²，枯水年雨洪量约200万 m^3。

从以上数据可知，官厅水库和雨洪水的补给量占河道总生态蓄水量的比例很小，约占7%，再生水的补给量约占92%。根据再生水回用景观水体标准《城市

污水再生利用　景观环境用水水质》（GB/T 18921—2002）的规定，人体非直接接触条件下，总磷为 1.0mg/L，总氮为 15mg/L，分别超出地表水 V 类水体标准《地表水环境质量标准》（GB 3838—2002）的 2 倍和 6.5 倍，而碳、氮、磷又是造成水体富营养化和"水华"的直接因素。规划方案中设计有湿地及其他水质净化设施来深度净化再生水，然后将其排入河道。因此也需要有一套完善的监测体系来随时监测河道水体水质，确保补水的安全可靠。

　3. 地下水安全的需要

　由于永定河北京段采用再生水补水，补水渗入地下会对地下水水质产生影响，进而影响附近居民的饮水安全，因此需要建立一套地下水监测网络，长期监测地下水水质，为饮水安全做好预警预报。

　随着永定河的补水，河道周边的地下水水位也会随之抬升，可能会对地下构筑物产生浮托力，对地下室和地下构筑物的防潮、防水也会产生较大影响，因此也需要对地下水的水位进行监测。

　4. 开展生态修复评估的需要

　我国河流生态修复的目标是通过运用适当的工程措施、管理措施和生物措施，依靠自然的自我修复能力，使当前的河流生态状况有所改善并向良性方向演进，部分地恢复到干扰前某种状态下生态系统的结构和功能。因此，如何选择适当的参照系统评估河流恢复到干扰前的状态，成为河流生态修复评估体系建立的难点。

　生态监测是开展河流生态动态评估的基础。在工程的勘查阶段，就应该着手建立完善的生态监测系统，包括生物、水文、水质监测系统并开展长期监测，以收集长时间序列的信息，依靠完整的历史资料和监测数据进行项目跟踪评估。在实际评估过程中，需要建立相应的指标体系，通过长期的生态监测可以准确的选取评估指标，建立完善合理的指标体系，保证河流生态修复评估的准确性。

3.2　生态监测规划的可行性

　1. 符合永定河发展规划

　《永定河绿色生态走廊建设规划》已由北京市委常委会讨论通过，规划中三家店至卢沟桥段河道要治污蓄清，增加河道蓄水，形成溪流，重点区域和交通节点形成水面，建成良好的城市生态水景观，河道水质保持III ~ IV类。因此提供永定河生态监测数据，作为改善永定河生态系统的依据，营造碧波荡漾的水景，恢复水生群落带，将永定河打造为有水的河、生态的河、安全的河，提升其休闲、旅游、观光价值，这符合北京市西南部区域发展规划，也是建设生态宜居城市的重要举措。所以，该项目是市政府重点支持发展的项目。

2. 监测技术成熟，经验丰富

常规的地表水、地下水和水文雨量监测指标开展的较早，监测项目、方法及达标标准均可参照相应的国家标准要求进行。近年来随着计算机及通信科技的发展，自动监测设备也已经运用在水库和河道的监测中，监测站、信息化中心的建立，大大方便了监测数据的采集、传输和存储。

生物监测在各大高校和科研机构也相继开展。目前生物监测大多数还采用现场人工采样、固定、实验室分析的人工方式，选用的监测方法多参照金相灿、屠清瑛编写的《湖泊富营养化调查规范》。监测项目主要关注水体浮游动植物。生物自动采样和监测的设备在海洋生物监测中使用较多，在河道的生物监测中应用的较少。但随着科技的发展，未来的应用趋势也很明显。

3.3　生态监测规划的原则和目标

3.3.1　规划原则及依据

1. 指导思想

以科学发展观为指导思想，以全面改善水质、促进永定河生态系统良性发展、营造碧波荡漾的水景为目标，充分考虑国民经济和社会发展情况，建立人工现场采样、实验室分析的人工监测系统，全面系统的反映永定河水生态修复措施效果，为永定河生态修复适应性管理提供依据。同时建立与现有的水文、雨量、水质、生物监测站网相结合的、科学合理的水文、水质及生物自动监测站网，加快水生态指标的监测、信息传输、数据存储等生态监测信息网络建设，实现信息共享，为水生态、水资源管理等提供准确、及时、可靠的信息；为各级政府和有关水务部门制定水体改善对策、合理采取技术措施，避免水质恶化、水华发生提供基础依据；为绿色城市建设和经济社会可持续发展提供支撑。

2. 规划原则

（1）统筹考虑。根据规划安排，统筹考虑水量、水质、水生生物、污染源和水文等各类监测要素，合理安排，满足监测需要。统筹考虑已有的监测站点，不重复设置，进一步完善监测点位。全面监测水体水量、水质与生物要素，充分反映河流生态系统修复的效果；在再生水补水区增加地下水水量与水质情况的监测，以用于再生水对地下水影响的分析。

（2）突出重点。将根据《永定河绿色生态走廊建设规划》的规划目标与建设内容，进行监测分区，分区段制定监测方案，选取具有典型性、代表性的监测点位，对水文、水质、生物等指标有重点、有选择地进行监测。

（3）可操作性。监测指标数据易获取，计算和测量方法简便，可操作性强，实现理论科学性和现实可行性的合理统一。

（4）可靠适用。立足于确保课题研究成果可靠适用的要求，严格按照相关国家标准与行业规范制定监测技术方案，采用先进的监测设备与方法，保证数据的有效性和真实性。

3．规划依据

（1）《北京城市总体规划修编》（2004—2020 年）。

（2）《永定河绿色生态走廊建设规划》。

（3）《永定河绿色生态走廊建设工程可行性研究报告》。

（4）《永定河生态构建与修复技术研究及示范项目建议书》。

（5）《北京市永定河综合规划报告》。

4．参照标准

（1）《水环境监测规范》（SL 219—98）。

（2）《地表水和污水监测技术规范》（HJ/T 91—2002）。

（3）《湖泊富营养化调查规范》。

（4）《水质采样技术指导》（GB 12998—91）。

（5）《水质采样技术规程》（SL 187—1996）。

（6）《水质采样样品的保存和管理》（GB 12999—91）。

（7）《环境监测技术规范》。

（8）《地表水环境质量标准》（GB 3838—2002）。

（9）《城市污水再生利用　景观环境用水水质》（GB/T 18921—2002）。

（10）《北京市水污染物排放标准》（DB 11/307—2005）。

（11）《环境污染物监测/环境保护知识丛书》。

（12）《水文调查测验与水资源调度、信息化管理及水文条例实施手册》。

（13）《水和废水监测分析方法》（第四版）。

（14）《地下水监测规范》（SL 183—2005）。

（15）《地下水环境监测技术规范》（HJ/T 164—2004）。

（16）《地下水质检验方法》（DZ/T 0064—1993）。

（17）《地下水动态监测规程》（DZ/T 0133—1994）。

（18）《供水水文地质勘察规范》（GB 50027—2001）。

（19）《供水水文地质钻探与凿井操作规程》（CJJ 13—87）。

（20）《地下水质量标准》（GB/T 14848—93）。

（21）《环境空气质量标准》（GB 3095—1996）。

（22）《土壤环境质量标准》（GB 15618—1995）。

（23）《土壤环境监测技术规范》（HJ/T 166—2004）。

（24）《水质采样方案设计技术规定》（HJ 495—2009）。

（25）《陆地生态系统生物观测规范》（中国生态系统研究网络科学委员会，2007）。

（26）《水域生态系统观测规范》（中国生态系统研究网络科学委员会，2007）。

3.3.2　规划目标及实施方案

1.　规划范围

根据《永定河绿色生态走廊建设规划》，永定河生态修复范围为北京境内永定河170km 干流河道（图 3-1）。河道两岸山峡区间辐射至 5～10km 范围，三家店以下平原段，堤外两侧各 200～500m 宽，局部扩大至 1.5km。总面积约为 1500km²。本规划在上述范围内制定监测方案，分三段监测，分别为官厅山峡段（官厅水库坝下—三家店的峡谷河段）92km，此处监测范围主要是河道；平原城市段（三家店拦河闸—南六环路）37km，此处监测范围是河道、堤外两侧500m 范围内，局部扩大到 3～5km；平原郊野段（南六环路—梁各庄）41km，监测范围主要是河道（图 3-2）。

图 3-1　永定河北京段位置示意图

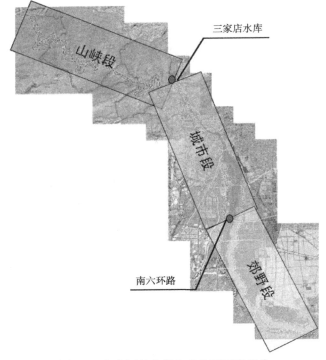

图 3-2   永定河北京段生态监测河段划分

2. 规划目标

本规划研究旨在实施对永定河北京段整个河流生态系统及生态修复的监测，评价分析河流生态系统的健康状况、存在问题和发展趋势，指导工程设计的优化和完善，以对永定河实施生态管理，确保永定河的生态治理达到目标，为规划实施后健康安全的永定河生态系统提供保障，同时也为今后类似工程建设提供参考借鉴。

规划实施的主要目标如下：

（1）实施对永定河生态系统的监测，并在生态修复工程过程中及完成后进行监测，对生态修复工程效果进行评估，确保地表水、地下水水质水位安全，确保河流生态系统健康。

（2）提升永定河北京段生态环境质量的监控和预警能力，为相应的管理部门提供决策支持，为永定河北京段的生态环境保护和治理提供科学依据。

（3）对永定河实施生态管理，为流域管理服务，保障永定河达到生态安全的标准，为规划实施后的健康安全的河流生态系统保驾护航，发挥其改善环境及拉动经济的作用。

（4）为北方缺水性河流监测的实施提供依据，积累数据和经验，为今后类似工程建设提供参考借鉴。

（5）实现相关设计、规划、科技一体化的工程，为相关研究搭建一个科研技术平台。

3. 实施方案

生态监测规划的实施方案要与永定河的生态环境建设规划相衔接，主要以创造适宜人类生存，有利于其他生物繁衍的生境为主。结合永定河综合规划前期和后期两个规划目标，可将其生态监测规划分成相应的两个阶段来后期实施，按照不同的规划水平年设定不同的生态监测方案，结合已有监测站点，确定新的监测断面，建立生态监测体系。前期规划水平年内的监测规划方案本着可操作性、可实施性和有针对性的原则进行，主要结合已经完成或即将实现的生态修复工程，以建立和完善必要的监测站点及监测仪器、初步构建监测系统为主。前期规划水平年内的监测规划方案将更加全面，统筹考虑永定河生态环境建设规划的整体目标设定整个生态系统诸多要素的监测，具有先进性和完整性。

（1）前期实施方案。在前期规划中，永定河的综合治理目标为提高永定河的防洪安全，永定河防御100年一遇洪水；恢复三家店—黄良公路段干流河道水面，实现河道水体既定水质标准，重现永定河干流两岸重要的水文化景观，提高永定河的管理水平。

相应的，其前期实施方案以站点布设、现场监测和数据分析为主。设立监测站点，确定监测断面，逐步建立地表水、地下水、生物和土壤等监测系统，对现有已施工的永定河生态治理修复工程的合理性与有效性进行监测评估，有选择性和针对性地对重点监测项目进行监测，监测评估永定河生态走廊建设对地表水、地下水、水生生物、陆生生物、土壤及大气等的影响，保证永定河生态治理效果；建立水质及生物监测系统的评价体系，为已经修复完成的永定河生态环境的评估提供依据，以达到对永定河实施生态管理、生态修复技术支撑、水资源水量分配的需要，确保其生态治理达到目标。

（2）后期实施方案。在后期规划中，永定河的综合治理目标为进一步提高永定河的防洪标准，使永定河能够防御200年一遇洪水；恢复永定河黄良公路以下河道水面，重现永定河生态系统健康生命，使永定河成为北京西南的绿色屏障；构建人与自然和谐共存的景观格局；进一步提高永定河的管理水平。

相应的，其后期实施方案从整个生态监测的连续性和即时性考虑，以在现有监测系统基础上进一步丰富和完善项目区的生态监测体系为主。在前期水平年内规划的所有监测点位、内容和方法的基础上，补充和完善必要的监测站点及监测项目，争取建立水质、浮游植物自动监测站，对各监测站的运行进行维护，以便及时快速地获取监测数据，为相关部门提供有效的决策支持服务；建立水生态数据库，提供水生态数据查询、发布服务并开发水环境预警预报系统，完善数据管理平台，实现与相关部门的信息共享，实现水体自动在线监测、传输，为永定河生态健康和修复后的水环境保障与科学研究提供直接可靠的数据。这是维持修复后的永定河生态系统健康运行的基础性工作，最终要达到即时、完整、生态、安全的目标。

第4章 永定河生态监测规划方案研究

永定河生态监测方案根据永定河生态治理的目标、重要性分成三段，遵循统筹考虑、突出重点的监测原则，有选择性和针对性地进行规划设计。

北京市界内管辖的永定河干流长 170km，从官厅水库以下幽州村入境至梁各庄出境，分为官厅山峡段、平原城市段、平原郊野段。其中，官厅山峡段为自然景观河道，从幽州入境至三家店拦河闸，长 92km；平原城市段为城市景观河道，三家店至南六环路，长 37km；平原郊野段为田园景观河道，南六环路至梁各庄出境，长 41km。由于各段均有其特有的生态特征，因此生态监测规划需要综合考虑各段的生态特征，建立适合各自特点的生态水力监测规划方案，在现有监测系统基础上丰富和完善项目区的生态监测体系，最终达到有水、生态、安全的目标，特别是需要保证三家店至卢沟桥河段生态治理的安全。

其生态监测范围亦分别按照此三段布设监测点位，监测点位布设原则如下：

（1）不重复建设，统一规划。新建各类监测网络应紧密依托现有的水文、雨量、水质站，充分利用现有人员、设备、技术等资源，组成完善的水生态监测站网。

（2）代表性、典型性原则。按照监测工作需要，根据各河段的自然地理、水文特点，选取能够代表永定河生态要素时空变化和典型特征的生态监测站点。

（3）可操作性原则。监测站点的具体点位要考虑是否能够方便、及时、准确地获取数据。

（4）安全性原则。长期连续的生态监测工作才能为科研和政府决策提供具有研究参考价值的重要监测数据，但需要充分考虑财政资金的支持能力，适度、分步增加现有站网的监测项目，尽量减少直接建站的资金投入和运行费用，同时与地方政府协调，以便长时期获得监测场地的使用权，保证生态监测安全顺利的运行。

考虑现有监测体系和资金投入现状，在重点监测区域新增若干在线监测设备，实现生态系统的实时在线连续观测监测，同时结合定期现场测量和人工采样实验室分析的监测方法。

4.1 永定河绿色生态走廊建设情况

根据北京市委、市政府提出的建设京西生态屏障，服务水岸经济，全面提升西南五区社会经济发展水平，建设宜居城市的要求，针对永定河多年断流干涸、生态退化的局面，北京市水务局会同有关部门编制了《永定河绿色生态走廊建设规划》。永定河生态修复监测方案即主要针对其绿色生态走廊建设目标及效果制定并进行相应的效果评估，为已经修复完成的永定河生态环境的评估提供依据，确保生态治理达到目标。

4.1.1　生态治理目标

永定河北京段 170km 河道，自上而下形成溪流、湖泊、湿地连通的健康河流生态系统。建成"一条生态走廊、三段功能分区、六处重点水面、十大主题公园"的空间景观布局，为两岸五区创造优美的生态水环境。

官厅山峡段：维护生态水环境和生物多样性，保护天然河道，水质保持 II ～ III 类。

平原城市段：治污蓄清，增加河道蓄水，在重点区域和交通节点形成水面，建成良好的城市生态水景观，河道水质保持 III ～ IV 类。

平原郊野段：彻底消除防洪安全隐患，打造田园生态景观（图 4-1）。

图 4-1　永定河三段功能分区定位图

4.1.2 生态治理布局

按照"以流域为整体，河系为单元，山区保护，平原修复"的方针，构建山区河流以河道生态基流和水源地保护为主线，平原河流以实施"四治一蓄"（治砂坑、治污水、治垃圾、治违章、蓄雨洪），改善生态环境为重点的流域水生态保护与修复体系。

1. 官厅山峡段——自然景观河道

采用"维护保护型"的生态治理模式，治理水土流失面积 500km²；建设景观湿地 6 处，面积 180hm²，保护水源。挖掘门头沟区特有的自然山水文化资源，增加市民旅游休闲场所，发展旅游经济。山峡下游段现状及效果图如图 4-2 所示。

图 4-2　山峡下游段现状及效果图

2. 平原城市段——城市景观河道

采用"生态补水型"的生态治理模式，通过优化调度水资源，增加河道蓄水，形成由溪流连通的湖泊和湿地，修复河流自然形态，建设绿色亲水景观。规划形成由溪流串联的 6 处湖泊，面积 680hm²（含大宁水库）。溪流长 50km，水面面积 270hm²。湖泊段和溪流段的现状及效果图如图 4-3 和图 4-4 所示。

两岸结合绿地建设规划及现有的文化、体育、休闲公园和设施，利用河滩地、护堤地、城市河滨带封河育草、恢复植被，建设 10 个以文化、体育、休闲、亲水、湿地、生态等为主题的公园。为市民休闲、体育健身、垂钓嬉水提供场所，实现河流与城市间的相互融合。

3. 平原郊野段——田园景观河道

采用"以绿代水型"的生态治理模式，加固堤防，彻底消除防洪安全隐患。河道及两侧 200~500m 建成乔、灌、草相结合的绿化保护带。有水则清，无水则绿，封河育草、绿化压尘，形成溪流；恢复金门闸、龙王庙等历史人文景观。郊野段现状及效果图如图 4-5 所示。

图 4-3　湖泊段现状及效果图

图 4-4　溪流段现状及效果图

图 4-5　郊野段现状及效果图

4.1.3　预期效果

（1）按照海河流域防洪规划，建成完善的永定河防洪减灾保障体系，彻底消除安全隐患，提高防汛抢险调度能力，确保北京市防洪安全。门头沟、大兴、房山新城达到国家规定的防洪标准。

（2）建成长 170km、面积约 1500km^2 的生态走廊。新增水面 1000hm^2（湖

泊+溪流）、绿化面积 9000hm²，彻底消除扬沙扬尘，每年回补地下水约 1 亿 m³。形成有水有绿，生态良好的北京西南生态屏障，提高永定河生态服务价值。

（3）建成各具特色的生态自然景观、城市景观、田园景观，扩大五区城市发展空间，改善投资环境，发展水岸经济，提升市民幸福指数。

4.1.4 生态修复措施及技术方案

1. 河道生态修复

为满足永定河的生态与景观功能，河道生态修复主要包括：水面与溪流相连的自然河道修复、河滩地生态修复、堤岸生态修复和植被修复等。鉴于永定河防洪功能的重要性，河道生态修复方案确定遵循以下原则：发生大洪水时确保堤防标准不降低，不改变河道流势、流态，不新增堤防险工；发生小水时滩地上的景观、体育、休闲、亲水等设施基本安全。

根据永定河已有物理模型试验和数学模型分析结果，湖泊利用现有砂石坑疏挖平整蓄水形成，水面前沿为消除溯源冲刷进行适当防护。溪流根据河道地形，利用现有子槽，结合物理模型试验小水流量下的流势、流态综合确定布局与形态。溪流断面、坡降要满足大于防止水体富营养化要求的 5cm/s 的流速。溪流岸坡及河底采用生态防护。

堤岸生态修复是改硬质衬砌为软体的生态护岸，改直墙或陡坡护岸为缓坡护岸，改危险岸坡为亲水岸坡。生态护岸的形式有植物扦插、生态袋、土工石笼袋、覆土石笼、块石、仿木桩护岸等。

绿化植被配置，针对湖泊、溪流、行洪区、河滩地、堤防的特性和现状土壤的基质条件，按照保留现有植被、补充乡土植物、管理粗放、适应性强、抗冲能力强，有利于阻挡和沉降泥沙，有利于吸收水体污染物，有利于保持地域性的生态平衡和体现植物的多样性的原则，采用"水生植物+草地+灌木+乔木"的基本配置模式。

2. 河道减渗

在初步分析永定河减渗对地下水回补影响及再生水作为生态用水对地下水影响的基础上，根据生态减渗试验研究成 7+果，初步确定的减渗方案为掺混料或薄夹层生态减渗、膨润土防水毯和土工膜。

复合土（掺混料或薄夹层生态减渗）：材料主要为粒径小于 5cm 的河床砂砾料、土料和膨润土。通过混料的配比和碾压密实度，控制渗透系数为 $1.0 \times 10^{-5} \sim 5.0 \times 10^{-7}$cm/s。具有减渗效果良好，有一定抗冲性，天然生态材料，就地取材造价低等特点。

膨润土防水毯和土工膜：基材减渗系数可达 $1.0×10^{-11} \sim 1.0×10^{-9}$cm/s 以下，减渗效果较好，但可根据需要，通过调整搭缝和连接的方法控制其渗漏量，达到 $2 \sim 3$cm/d。

上述减渗方案，根据治理河段具体情况，因地制宜，不同河段的不同位置采用适宜的减渗方案。其中：掺混料生态减渗适合用于水深较浅、有一定流速的河道主槽。薄夹层生态减渗适用于水深大、冲蚀流速小的坑潭位置，上覆保护层较厚时也可用于河道主槽。

膨润土防水毯和土工膜适用于地表水与地下水水力联系密切，渗透性较强，自然净化和降解能力弱，使用再生水极易下渗进入含水层，污染地下水的单一砂卵砾石区域，减轻对地下水环境影响。此外，还适用于水质净化人工湿地底部防渗，以及深水区的底部防渗等。

3. 水质净化与维护

永定河生态环境规划水质指标为 Ⅲ ~ Ⅳ 类，主要补水水源为再生水。再生水入河前的进一步净化处理和湖泊、溪流水质日常维护是水质净化与维护的两部分主要内容。永定河水质净化工艺流程图如图 4-6 所示。

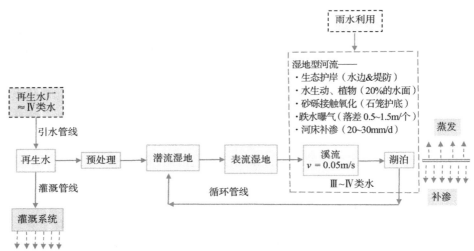

图 4-6 永定河水质净化工艺流程图

借鉴奥运公园水系、永定河王平河段湿地处理再生水的成功经验，规划自三家店以下建设 4 处净化再生水的潜流湿地，共 170hm²。其中，卢沟桥以上 3 处，90hm²，分别位于麻峪、南大荒和分洪枢纽上游右堤老河滩，主要处理清河及沿线再生水，处理量 18 万 m³/d，供卢沟桥以上河段及其两岸绿地和公园用水；卢沟桥以下 1 处，80hm²，位于稻田水库，处理小红门再生水，处理量 20 万 m³/d，主要供下游河段及其两岸绿地与公园用水。

湖泊、溪流水质维护措施主要有表流湿地、水体微循环、水生植物、水生动物、土地过滤、砂砾接触氧化、曝气增氧等。

4. 植物群落配置

在对永定河河滨带水文、气候、地质地貌、植被、土壤及人为干扰状况调研分析的基础上，将官厅山峡段、平原城市段、平原郊野段的生境分为砾石土类、砂土类和沙土类。每类河道断面在水平空间，根据水分及土壤条件从水生到陆生生境梯度变化，针对不同的生境类型采用不同的植被构建形式。植物以当地土生、耐旱、耐寒物种为主；同时结合景观需求，乔、灌、草合理搭配。

主河道：种植水土保持先锋灌木、草本。如柠条、沙地柏、紫穗槐、沙打旺、沙冬青、沙柳、丁香、柽柳、迎春花、珍珠梅、地肤、马蔺草、野菊花等。

堤内滩地：从保持水土角度种植护堤绿化带。林带结构采用疏透结构。做到乔、灌结合，常绿与落叶结合，景观林与防洪抢险用材林结合。具体树种有雄性毛白杨、刺槐、旱柳、侧柏、窄叶黄杨等。

护堤林带：依据防洪要求按疏林草地以团状、稀疏等自然形式栽植侧柏、桧柏、刺槐、旱柳、栾树、臭椿等乔木，点缀种植当地土生桃树、杏树、枣树、梨树、苹果树、柿子树。

堤顶：种植单行或多行乔木或灌木。乔木以刺槐、臭椿、国槐、栾树、黄栌等为主，灌木以沙地柏、紫穗槐、柽柳、迎春花、珍珠梅、连翘等为主。草本以地锦、常夏石竹为主。

4.2 官厅山峡段——自然景观河道

官厅山峡段（图 4-7）为自官厅水库至三家店的峡谷河段，干流河长 108.7km，其中北京市管辖的干流河道（从幽州入境至三家店拦河闸）长约 92km。沿岸高山连亘，水随山转；自幽州起，两岸有十几条支流汇入，大都是山溪；受两岸峭壁约束，洪水下泄速度快。该河段山高坡陡，落差大，人为活动较少，自然生态环境保持良好，其中落坡岭水库以上 64km 常年有水，以下 28km 时常断流。其绿色生态建设目标以维系现状良好水陆生态环境为主，维护生态水环境和生物多样性，保护天然河道，水质保持Ⅱ~Ⅲ类。

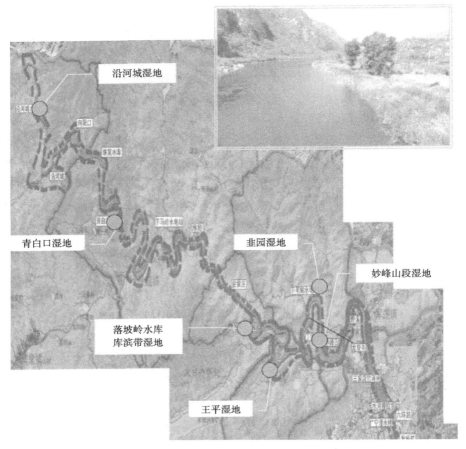

图 4-7　永定河官厅山峡段示意图（彩图见书后）

4.2.1　监测内容

官厅山峡段主要采用"维护保护型"的生态治理模式，整个河道在永定河生态修复过程中受到外界人为干扰较少，河道生态环境保持良好，水体水质较好。结合官厅山峡段的河道特点及生态治理目标，其生态监测规划主要检测进入三家店以下河道的水质状况，检验官厅水库的综合治理效果，监测该河段水生态的维护保护情况。已有的监测站点，坝下、三家店基本可以控制该段的进出，雁翅水文站控制支流汇入和中间段的水质状况。

主要监测内容包括地表水、地下水、土壤、生物、大气等，具体如下所述。

1. 地表水监测

地表水监测包括水体感官性状、水质和水文监测。其中，感官性状具体包括水体颜色、有无漂浮物、浑浊程度、水生植物及生长情况、水体有无异味等感官指标，一般采用定性的描述。水质监测是监视和测定水体中污染物的种类、各类污染物的浓度及变化趋势，评价水质状况的过程，此处主要包括反映水质状况的综合指标，如温度、浊度、pH值、溶解氧、氨氮和生化需氧量等。水文监测的目的主要是为了及时把握永定河监测区内水体水文、水循环等特征，为永定河生态修复系统水循环方案的设计提供基础性资料。监测指标包括流速、流量、水位和水温等。

2. 地下水监测

地下水资源较地表水资源复杂，因此地下水本身质和量的变化以及引起地下水变化的环境条件和地下水的运移规律不能直接观察，同时，地下水的污染是缓变型的，一旦积累到一定程度，就成为不可逆的破坏。因此，为了保护永定河地下水资源，及时掌握动态变化情况，就必须依靠长期的地下水监测来实现。

（1）常规指标：水位、水温、pH值、NH_3-N、NO_3-N、NO_2-N、挥发酚、总氰化物、总硬度、氟化物、氯化物、硫酸盐、溶解性总固体、高锰酸盐指数等。

（2）卫生学指标：总大肠菌群。

（3）重金属指标：Hg、Cr（Ⅵ）、Cd、Pb、As、Fe、Mn。

3. 土壤监测

土壤生态系统的监测目标是：通过对土壤各组成要素的长期定位监测，揭示土壤演化规律及驱动因子，阐明人类活动对土壤生物、物理、化学过程的影响机制，为河流、湿地保护与恢复提供科学依据，为永定河生态系统的研究提供基础数据。土壤监测包括河滨带土壤监测及河道底泥监测。

河滨带土壤具体监测项目如下：

物理指标：土壤机械组成、土壤类型、土壤质地、土壤含水量、pH值、盐度（以电导率计）。其中，前三项指标在实际操作中只监测一次即可。

化学指标：有机质、碱解氮、速效磷、速效钾、土壤剖面重金属（Hg、Cr、Cd、Pb、As、Cu、Zn）、有机氯农药。

4. 生物监测

生物监测是生态系统监测的重要组成部分，主要是利用生物对环境中污染的物质的敏感性反应来判断环境污染的一种手段。

本规划中，生物监测包括水生生物和陆生生物两种监测类型（表4-1）。水生生物监测指水生生物种类、组成、数量及生活影像监测，主要是河道内的生物，包括浮游植物、浮游动物、底栖大型无脊椎动物、水生维管束植物等。陆生生物是指河滨带生物监测，主要包括植物、小型陆生动物、鸟类、昆虫监测。

表 4-1　生物监测项目及指标

监测类型	监测项目	监测指标	监测范围
水生生物	浮游植物	群落构成与优势种群	水体
		密度及各门比例	水体
	浮游动物	群落构成与优势种群	水体
		密度及各门比例	水体
	底栖大型无脊椎动物	种类构成	水体
		种群数量及生物量	水体
	水生维管束植物	种属及优势种	水体
		密度	水体
陆生生物	植物	组成、数量与种群特征	滨河带
	小型动物	组成、数量与种群特征	滨河带

5. 气象监测

大气监测包括气象监测和空气质量监测。永定河生态修复以后，面临的一大问题就是水体富营养化和"水华"，一旦水体暴发"水华"，其景观功能严重下降，而且严重威胁到水生动植物的生存。造成"水华"暴发的原因是多方面的，其中气象条件是主要外因。当水体流动缓慢、光照和气温适宜的条件下，很容易发生"水华"现象。因此，气象监测是永定河生态监测系统必不可少的监测内容。气象参数包括风向、风速、温度、湿度及压力、日照、辐射、蒸发量以及降水等。

4.2.2　监测点位

根据不同监测指标对监测点布置的要求以及流域环境的特点，确定各指标的监测点位。该段河流水质较清澈，水量变化不大，无再生水补入。水文、水质监测以已有的监测站网为主，尽量减少增设水文、水质和土壤监测站点。此外，虽然目前山峡段生态环境较好，规划对河道的改造很少，河道内及两岸动、植物种类和数量变化不大，但是，为了摸清该段的生态状况，需要对重点水域及周边地区进行水生生物及陆生生物的监测。因山峡段在永定河生态修复过程中受到外界人为干扰较少，河道生态环境保持良好，水体水质较好，因此该段的监测实施主要建议在原有监测体系的基础上多运用巡回监测的方式了解整体情况，同时适当的增设合理的相应项目监测点位，以在全面的基础上有针对性地进行典型性监测。

具体布设如下：

（1）地表水监测点。目前，永定河三峡段已有的水文站包括青白口水文站、雁翅水文站和三家店水文站，可以满足该段的水文监测需求，因此该段内无需再新增水文监测站点。同时，已有上清水、青白口、斋堂水库、雁翅、清水涧口、三家店等水质监测站，能够满足山峡段地表水水质的监测要求，故此段不新增地表水水质监测点。

（2）地下水监测点。考虑山峡段施工难度大、污染少，没有再生水补给，且北京市地下水水位是西北高，东南低，永定河城市段位于山峡段下游，再生水补给对山峡段地下水水质及水位不会产生太大影响，故此段不设地下水水位和水质监测点位。

（3）生物监测点。目前，山峡段已有三家店拦河闸前1处生物监测点位，可用于监测山峡段上游地区的生物状况。因山峡段河流属于动水体，水流比较急，水生生物很少在该段生存，因此该段生物监测侧重于陆生生物监测。山峡段陆生生物多样性较好，生物种群变化不大，而且生态修复工程主要集中在平原城市段，此河段无人为干扰，陆生生物变化不大，故仍采用三家店拦河闸前生物监测点位进行监测，不增设新的陆生生物监测点。

（4）土壤监测点。对土壤各组成要素的监测需要长期定位，其演化规律属于一个长期过程，土壤要素在空间上的变化也极为缓慢。在三家店拦河闸前底栖生物采样点处已有水体底泥监测点，考虑到官厅山峡段生态修复中影响土壤生物、物理、化学过程的机制较少，因此不再新增水体底泥采样点，仅在三家店库区周边加设1处河滨带土壤监测点，为永定河生态系统的研究提供基础数据。

（5）大气监测点。气象监测的主要目的在于通过掌握气象条件来防止"水华"的爆发。官厅山峡段因自然生态环境保持良好，外界污染少，故利用已有沿河城雨量站及山峡段3个自动气象站即可满足该段大气监测的要求，不再新增设大气监测点。主要监测气象指数。

4.3 平原城市段——城市景观河段

平原城市段（图4-8）从三家店拦河闸至南六环路，长37km，此段河道已脱离山区而进入低山区及平原，河宽逐渐扩展，堤距500～1500m，河床均为砂砾石冲积层，砂砾颗粒自上而下逐渐变细。洪水在三家店出山后，两岸约束渐减，而流势仍急，洪流折冲，堤基易被淘刷。平原城市段共有6条支流入永定河，分别为城子沟、门头沟、高井沟、中门寺沟、冯村沟和西峰寺沟（其中冯村沟汇入西峰寺沟），6条支流均为季节性河流。该河段大部分为城市河段，是首都的防洪安全屏障，生态景观与防洪安全并重。其绿色生态建设目标采用"生态补水型"的治理模式，通过优化调度水资源，治污蓄清，增加河道蓄水，形成由溪流连通的湖泊和湿地，在重点区域和交通节点形成水面，修复河流自然形态，建成良好的城市绿色生态水景观，河道水质保持Ⅲ～Ⅳ类。

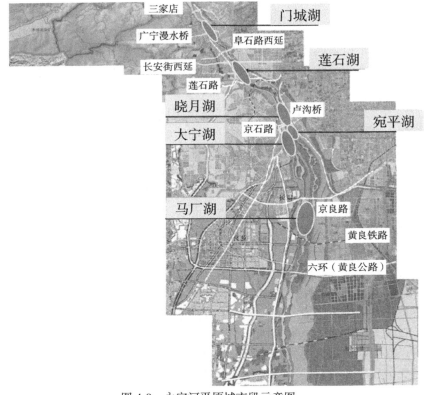

图 4-8　永定河平原城市段示意图

4.3.1　监测内容

　　平原城市段是永定河绿色生态走廊建设的重点规划区域,也是永定河北京段生态监测的重点规划河段。20 世纪 80 年代后该河段河道常年断流,扬沙严重,生态系统十分脆弱。在"永定河绿色生态走廊建设"工程规划中拟定采用北京市生活污水处理后的中水作为永定河治理工程水源,这些水也并不会补充下游水源,而是在出境之前用管道抽回,循环使用。同时,两岸结合绿地建设规划及现有的文化、体育、休闲公园和设施,利用河滩地、护堤地、城市河滨带封河育草、恢复植被,建设主题公园。针对其生态环境特点及绿色生态建设目标,设定该河段的主要监测内容在参照前山峡段所述地表水、地下水、土壤、生物、大气等的监测内容及方法的基础上,尚需重点强调降雨蒸发、水量指标(地表水)、水质(地表水、地下水)、生态治理后的植被情况等的监测,全面掌握该河段生态修复的效果。

1. 降雨蒸发

降雨蒸发是水循环过程中的一个重要环节，是河流、水库、湖泊等水体水量变化的重要影响因素，也是水资源评价、水文模型确定、水利水电工程规划设计和河流管理中的基本资料之一。对于天然水量极少的永定河平原城市段，其降雨蒸发情况对河道水量具有较大影响，是该河段水生态监测的重要内容。

2. 水量指标

水量指标监测的目的主要是为了及时把握平原城市段监测区内水体水文、水循环等特征，为永定河生态修复系统水循环方案的设计提供基础性资料，为生态系统河道水体修复效果评估提供依据。监测内容包括主要站点的流速、流量、水位日变幅等。

3. 水质

水质指标的监测遵循《水环境监测规范》（SL 219—98）进行。对于地表水水质，按照表2-3所列分别进行相应支流或湖泊、湿地的项目监测。对于平原城市段生态修复后的水体而言，由于其水源绝大部分来自于污水处理厂的再生水，属于人体非直接接触性水体，其水体中的氮、磷营养元素很高〔《再生水水质标准》（SL 368—2006）〕，在气温、水温、光照、流速等条件适宜的情况下很容易引起水体富营养化。因此，水质监测指标重点考虑富营养化指标和常规监测指标。同时，盐度也是今后可能出现的一个较大的问题，由于蒸发等因素的一个影响，可能会造成盐分积累，因此还应重点考虑监测盐类指标，例如氯离子。此外，粪大肠菌群是一项重要的卫生学指标，同样需要重点监测。

4. 地下水

如前所述，地下水资源较地表水资源复杂，因此地下水本身质和量的变化以及引起地下水变化的环境条件和地下水的运移规律不能直接观察，同时，地下水的污染是缓变型的，一旦积累到一定程度，就成为不可逆的破坏。因此，为了保护永定河地下水资源，及时掌握动态变化情况，就必须依靠长期的地下水监测来实现。永定河生态修复工程实施后，门城湖、莲石湖、宛平湖和晓月湖等湖泊底部均做了防渗衬砌工程，下渗量很少，但这些湖泊仅是这个河段的一部分，对于没有做衬砌工程的区段如湿地公园、溪流等，地表水和地下水有紧密的水力联系，因此，地下水监测也是永定河生态监测系统中重点监测类型之一。

（1）常规指标：水位、水温、pH 值、$NH_3\text{-}N$、$NO_3\text{-}N$、$NO_2\text{-}N$、挥发酚、总氰化物、总硬度、氟化物、氯化物、硫酸盐、溶解性总固体、高锰酸盐指数等。

（2）卫生学指标：总大肠菌群。

（3）重金属指标：Hg、Cr（Ⅵ）、Cd、Pb、As、Fe、Mn。

5.　生态治理后的植被情况

构建永定河河滨带植被群落和满足河道行洪及景观要求的河滨带景观格局配置和生境结构构建模式是永定河生态构建与修复的重要内容之一。对生态治理后的植被情况进行观察，以助于了解所筛选物种材料及提出的植被建植技术和工艺参数是否适宜，为探明永定河河滨带典型植物种群落动态演替规律、提出目标植物群落和景观格局的培育管理技术方案提供数据支撑。

4.3.2　监测点位

2010 年永定河生态走廊建设工程首批实施项目在平原城市段展开，生态监测点位集中布设在重点规划的门城湖、莲石湖、晓月湖、宛平湖及园博湖五个湖区及其周边湿地。同时，该段还是永定河绿色生态走廊的重点规划区域，需在主要工程区新增现场施工监测点位，河道中那些中水进入点均需设置测站，以控制生态治理的进流条件。在布设监测站点时，要统筹考虑计算的可能排污口和人工湖内部水质状况以及洪水流速卡口等综合因素。

1.　地表水水文监测点

城市段河道需重点了解再生水的排入情况及通过支流入口和重点湖区的水文情况来了解相应的地表水水文利用状况，因此地表水水文监测点布置在河流支流入口、排污口和重点监测湖区，以全面掌握河流水量、流速、水位等水文变化特征。在利用已有的卢沟桥水文站的基础上，再对各支流入口处、再生水进口处及各湖区分别进行地表水水文监测。因再生水进口处在施工铺设时已经配有检测设备，故不需增设监测点，仅在各支流入口处及相应湖区增设地表水水文监测点。

（1）平原城市段地表水水文监测点，共 15 处。

（2）再生水流经湿地的进水口有麻峪潜流湿地、南大荒潜流湿地、园博园潜流湿地、稻田潜流湿地进水口，共 4 处。

（3）支流入口：平原城市段有城子沟、门头沟、高井沟、中门寺沟、冯村沟和西峰寺沟共 6 条支流，其中冯村沟汇入西峰寺沟，故共设置 5 处支流入口监测点，分设于各支流入口中线处。

（4）重点湖区：门城湖湖区、莲石湖湖区、晓月湖湖区、宛平湖湖区、园博湖湖区、马厂湖湖区，各设置 1 处地表水水文监测点，共 6 处，监测点分设于各湖区进口处，以控制该湖区相应的地表水水文状况，全面掌握水体水文、水循环等特征。其中，前 5 个湖区为已经或者正在规划实施的湖区，其站点的布设于近期规划中实施进行；而马厂湖湖区尚属计划规划中，根据实际施工进展情况具体决定监测站点的布设实施；此外，工程规划中尚拟建大宁一湖，因大宁水库为南水北调重要的调蓄水库，是全封闭的，故不对其进行监测点位的设置。湖区监测是城市段的监测重点，湖区边坡和堤坝的抗洪抗冲刷能力亦需定期安排人员巡视检查。

水文监测点布置如图 4-9 所示。

图 4-9　永定河城市段规划水文、水质监测站点布置示意图（彩图见书后）

2．地表水水质监测点

地表水水质监测点布设情况与地表水水文监测点比较相似，即在 4 个再生水进口处、5 个支流入口中线处及 6 个湖区处分别设置，全面了解并掌握整个河道的水质状况，防止富营养化、水华、盐分累积、卫生指标不达标等水质问题的发生。其中，再生水进口和支流入口处的站点布设与地表水水文站点布设相同，而重点湖区的水质站点布设与水文站点布设有一定区别。根据《水环境监测规范》（SL 219—98），湖泊水质监测点应设置于主要出入口、中心区、饮用水水源地等处，因城市段河道中门城湖、莲石湖、园博湖、晓月湖、宛平湖五个湖是相互衔接的，前一湖的出口即为下一湖入口，尤其晓月湖和宛平湖完全连在一起，可视为一湖进行监测。因此，结合各重点湖区的功能分区情况，将湖区的水质监测点分别布设于门城湖入口、莲石湖入口、园博湖入口、规划中马厂湖的出入口和各湖的中心区域，以及晓月湖入口、宛平湖出口及二湖的中心处，以全面了解各个湖区的水质情况，判断是否会出现富营养化等现象。如此，平原城市段地表水水质监测点一共增设 21 处，如图 4-9 所示。

监测密度为 1 次/月，同时在水华易发的 6—8 月根据情况适当加大监测密度，用于监测再生水回补地表水水质、原排污口水质以及各支流入河水质以研究掌握各水源对永定河干流及重要湖区水质的影响程度。对地表水水质的监测，主要按照规范规定内容进行。如若有再生水水厂出水水质检测报告，可适当优化监测项目，重点监测报告中的指标，对报告中没有的项目，可根据情况具体判断需不需要进行监测；同时将水质检测结果与再生水厂的出水进行比较，以全面诊断河道的水质状况。

3．地下水监测点

地下水监测包括地下水水位和水质监测。监测井布设主要是监视再生水补水对地下水水质、水位的影响，进而评估地下水环境现状，为附近的水源地进行预警预报。

地下水采样井布设应遵循下列原则：

（1）合理布设监测站，做到平面上点、线、面结合，垂向上层次分明，以浅层地下水监测站规划为重点，尽可能做到一站多用。

（2）优先选用符合监测条件的已有井孔。

（3）兼顾与水文监测站的统一规划与配套监测。

（4）尽可能避免部门间重复布设目的相同或相近的监测站。

根据永定河平原段岩土体的性状，监测井在垂直河道两岸各 5km 及沿永定河水体流向（三家店—南六环区间）370km² 内布置观测点。

地下水水位监测井布置在水质监测井附近，并处于同一含水层。

目前此段已有地下水监测井 25 眼，基本能满足日常的水质和水位的监测要求，此处不再增设监测井。

4. 水生生物监测点

浮游植物、浮游动物、底栖大型无脊椎动物监测点位相同，水生维管束植物的监测点在浮游生物监测点的附近，监测范围适当扩大。水生生物监测点与水质监测同点位，以研究湖区生物多样性指数和生态系统的健康状况，监测湖区生态修复效果。水生生物监测点的布设重点布置在城市段各大湖区中心，分别为门城湖、莲石湖、晓月湖、宛平湖及规划中的马厂湖（图 4-10），共 5 处，如此可全面掌握永定河平原城市段的河道和湖区生态修复效果。因为河道湖区水体的连通性、生态修复工程的统一性和河道生境的相似性等，正常情况下几大湖区的水生态环境较为近似，故关于该河段水生生物监测点的设置可增设一个比选方案，即选取一个代表性湖区——处于中间河段的晓月湖设置监测点，以监测湖区生态修复效果。可根据工程修复效果、资金投入等具体情况选定具体方案。

5. 陆生生物监测点

平原城市段河道两侧为居民区，陆生生物多样性单一，多以人工种植植被为主，因此，该河段内陆生生物监测以监测滨河带植物组成、数量与种群特征为主。此处同水生生物监测定的设定，设置两种比选方案进行陆生生物情况的监测，以监测生态修复工程的效果。一是可沿该河段分别于门城湖、莲石湖及园博湖的河滨区分设 3 个监测点（图 4-10）；二是在六大湖的河滨区均设置陆生生物监测点。主要通过监测植被生长情况的相应指标来评估生态修复工程的效果，考虑到典型性、代表性及工程投资等综合因素，建议采用第一种方案。

6. 土壤监测点

因土壤演化缓慢，一般在较大范围内属性均一，其各组成要素受人工活动等影响相对不是特别明显，故对土壤的监测选取代表性点位进行即可。该河段土壤监测点共设置 2 个，分别用于河滨带土壤监测及河道底泥监测。其中，水体底泥监测点位设置于门城湖湖区，同时在陆生生物监测点位附近的河滨区设置一个河滨带土壤监测点位，即门城湖河滨区。对于底泥监测点的设置，主要考虑城市段各大湖区底泥状况基本相同，故选取一个代表性湖区监测即可。如若监测条件、资金满足的情况下，也可考虑在已建的 4 个湖区（门城湖、莲石湖、晓月湖、宛平湖）中心均设置底泥监测点，同时对拟建的马厂湖进行规划，以全面掌握各大湖区的底泥状况，此可作为备选方案。

　　7.　大气监测点位

　　该河段沿途已有 4 个自动气象站，同时河段上下游还分别设有麻峪和葫芦垡两处雨量站，基本上可以代表河段附近的气象和空气质量状况，因此不需要新增大气监测点位，用已有监测站点即可。

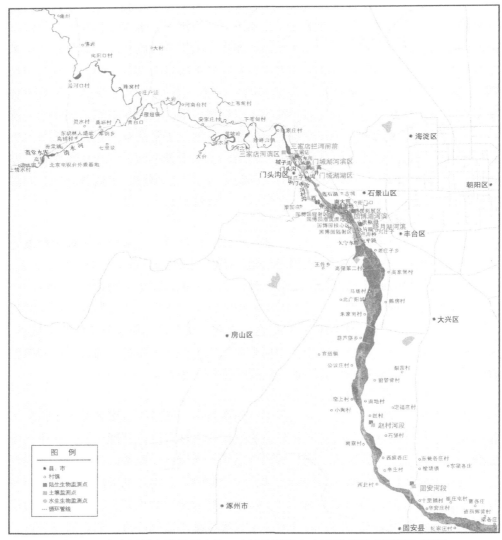

图 4-10　永定河城市段规划生物、土壤监测站点布置示意图（彩图见书后）

4.4 平原郊野段——田园景观河道

平原郊野段（图 4-11）从南六环路至梁各庄出境，长 41km。该河段河道属游荡型地上河，河底纵坡由 1/1000 减缓到 1/2600，没有固定的河道形态，行洪河道与滩地之间没有明确的固定界限，河道善冲善淤，主流游荡不定，尤其在中小洪水时主流摆动没有一定的规律；且河床高出堤外地面 5～7m，河床质多为粉细沙，两岸险工较多。该段区间长期缺水，现状河道常年干涸沙化，生态系统严重退化。进行河道绿色生态走廊建设时拟采用"以绿代水"的治理模式，加固堤防，彻底消除防洪安全隐患；修复已退化的河流生态系统，河道及两侧 200～500m 建成滩地修复保护带；有水则清，无水则绿，滩地修复压尘。

图 4-11　永定河平原郊野段示意图

平原郊野段生态治理修复的极其重要的方面是加固堤防，彻底消除防洪安全隐患，故在进行该段河道的生态监测时应主要监测：①河道变化情况，包括在河道内施工和其他人类活动，每年掌握河道地形变化及相关工程变化；②主要的险工段及丁坝破坏情况等。此方面监测不需要设置特定的监测点位，主要采用安排人员进行巡视的方式进行，诸如检查生态岸坡在冬天过后是否有所破坏等。堤坝的防洪防冲刷能力要重点考虑，永定河生态修复一年可提升生态效益数百亿，堤坝的抗冲刷能力能够满足永定河流域防洪标准方可。

为了评估平原郊野段的生态状况，以更好地了解该段生态修复情况，建议增加陆生生物监测点和土壤监测点。同时，为了便于数据收集和比较，建议陆生生物监测点和土壤监测点的设置在雨量监测点附近，即分别在赵村、固安增设一处陆生生物监测点和一处土壤监测点。具体点位如图 4-10 所示。

此外，该段为"以绿代水型"生态型河道，不增设地表水水文、水生生物监测点。本河段内已有赵村、固安雨量站及 1 处自动气象监测站，在赵村增设 1 处气象监测点，可以满足评估郊野段"以绿代水型"生态治理对河道附近空气质量和局地小气候的影响。气象监测点位如图 4-12 所示。

图 4-12   郊野段气象监测站点布置示意图（彩图见书后）

4.5 监测方法及频率

4.5.1 监测方法

1. 地表水监测

（1）定期现场测量和记录。采样前，均需要现场记录纬度、时间、地点和采样方式。现场监测指标具体如下：

水体感官性状：所有地表水水质监测点位的感官性状依靠目测和嗅觉现场测量和记录。

水文：在所有的水文监测点位根据具体情况采用传统测法或者相对比较先进的电磁流量流速计现场监测流量、流速等。

水质：在所有的地表水水质监测点位均采用便携式仪器监测 pH 值、温度、DO、透明度、水位。采用便携式双路输入多参数数字化分析仪（HQ40D）现场测量 pH 值、温度、DO 等，设置 1 台。采用透明度盘（萨氏盘）现场简单的测量透明度，共 1 台。采用测绳或测钟等常用的简易方法测量水位。

（2）地表水质其他指标采用定期现场采集水样后带回实验室监测分析的方式，具体参见《水和废水监测分析方法》（第四版）中的相关规定。

（3）水文指标中降水量的测量，采用自动翻斗雨量计自动实现对降水量的实时在线监测和记录。蒸发量采用标准的 E601B 水面蒸发器自动定期测定和人工读数的方法。

2. 地下水监测

（1）定期现场测量和记录。采样前，现场记录纬度、时间、地点和采样方式。分别采用测钟、pH 值计现场测量地下水水位和 pH 值。

（2）其他指标均采用定期人工采样后实验室分析的方法，具体的监测分析方法参见《地下水环境监测技术规范》（HJ/T 164—2004）中的相关规定，优先选用国家或行业标准分析方法。

3. 土壤监测

（1）定期现场测量和记录。采样前，现场记录纬度、时间、地点和采样方式。用测杆法对土壤深度进行深度探测，现场记录各采样点的土壤深度及土壤物理性状（如泥度状态、颜色、嗅、味、生物现象等）。

（2）其他指标采用定期人工采样后实验室分析的方法，具体参见《土壤理化分析》和《土壤环境监测技术规范》（HJ/T 166—2004）。

4. 水生生物监测

（1）定期现场测量和记录。采样前，现场记录纬度、时间、地点和采样方式。现场观测和记录水生植物生长情况。

（2）水生生物种群数量和优势度等采用定期人工采样后实验室分析的方法，浮游植物、浮游动物、底栖大型无脊椎动物及水生维管束植物的监测参见《湖泊富营养化调查规范》。

5. 陆生生物监测

采用定期人工采样后实验室分析的方法，陆生生物鉴定可参考《植物学》《动物学》《普通昆虫学》《鸟类学》等。同时，在对陆生生物进行定点采样监测分析的基础上，进一步安排人员对各河段河滨带陆生生物进行巡视，以全面掌握陆生生物的生长、多样性等情况。

6. 大气监测

（1）定期现场测量和记录。采样前，均需要现场记录纬度、时间、地点和采样方式。现场监测指标具体如下：

气象五指标：采用自动气象监测站监测。

空气负离子：采用便携式空气负离子检测仪定期人工现场测量，设置 1 台。

（2）空气质量采用定期人工采样后实验室分析的监测方法，首选国家颁布的标准分析方法，其次选国家环保总局颁布的标准分析方法。对没有标准分析方法的监测项目，采用《空气和废气监测分析方法》中推荐的方法。

4.5.2　监测频率

1. 地表水监测

地表水监测指标均采用定期采样的监测方式，每月 1 次，全年共常规监测 12 次；在此基础上，在水华易发的 5—10 月根据情况适当加大监测密度；遇到突发性水污染事件，立即跟踪监测，监测范围与频次视具体情况而增加。每次采样 4～8d 内完成样品分析。

2. 地下水监测

地下水监测指标均采用定期采样的监测方式，水位监测最少每月 1 次，水质每季度监测 1 次，全年监测 4 次。重金属一年监测 2 次，丰水期和枯水期各一次。

3. 土壤监测

土壤监测指标均采用定期采样的监测方式。其中，土壤机械组成、土壤类型和土壤质地监测一次以掌握相应情况即可；其他土壤物理、化学指标如含水量、有机质等在施工建成后第 1 年监测 1 次，作为本底值，以后每 3 年监测 1 次以进行变化对比分析。

4. 水生生物监测

水生生物监测采用定期采样分析方法，监测频率是浮游植物 6—9 月每月测 2 次，3—5 月每月测 1 次，10 月至次年 2 月测 1 次。浮游动物、底栖大型无脊椎动物每季度监测 1 次，全年共监测 4 次，监测时间尽量与浮游植物监测同时进行。浮游生物样品的采集时间以上午 8:00—10:00 时为宜。水生维管束植物一年监测 1 次，在 6 月监测。

5. 陆生生物监测

陆生生物仅在珠窝水库设有监测点。其中，植物群落每年监测 1 次，昆虫和鸟类每年监测 2 次，鸟类是在迁徙期（3—5 月和 9—11 月）和非迁徙期（6—8 月和 12 月至次年 2 月）各监测 1 次。

以上各监测项目、方法及频率总结归纳见表 4-2。

表 4-2　监测项目、方法及频率

分类		监测项目	监测频率	监测方法	监测方式
地表水	水文	流速、流量、水位、水温、蒸发量、降水	1 次/月，12 次/a	《水文巡测规范》（SL 195—97）、《水面蒸发器》（GB/T 21327—2007）	降水和蒸发采用仪器自动测量和人工定期读数的方法。其他指标采用便携式仪器现场测量和记录
	感官	水体颜色、有无漂浮物、浑浊程度、水生植物及生长情况、水体有无异味		目测及嗅觉	现场记录
	水质	（1）常规指标：pH 值、SS、DO、BOD$_5$、NH$_3$-N、PO$_4$-P、NO$_3$-N、NO$_2$-N、挥发酚		《水和废水监测分析方法》（第四版）	pH 值、温度、DO、透明度、水位采用便携式仪器现场测量和记录。其他指标采用人工采样后实验室分析
		（2）富营养化指标：COD$_{Mn}$、Chl-a、TN、TP、透明度			
		（3）卫生学指标：总大肠菌群			
地下水		（1）常规指标：水位、pH 值、NH$_3$-N、NO$_3$-N、NO$_2$-N、挥发酚、总氰化物、总硬度、氟化物、氯化物、硫酸盐、溶解性总固体、高锰酸盐指数	1 次/季度，4 次/a；其中重金属丰水期和枯水期各 1 次，2 次/a	《地下水环境监测技术规范》（HJ/T 164—2004）	水位和 pH 值分别采用测钟和 pH 值计现场测量和记录。其他指标采用人工采样后实验室分析
		（2）卫生学指标：总大肠菌群			
		（3）重金属指标：Hg、Cr（Ⅵ）、Cd、Pb、As、Fe、Mn			

续表

分类		监测项目	监测频率	监测方法	监测方式
底泥	水体底泥	TN、TP、有机质、Hg、Cr、Cd、Pb、As、Cu、Zn、硫及硫化物	施工前测 1 次，建成后第 1 年测 1 次，以后每 3 年测 1 次	《土壤理化分析》；《土壤环境监测技术规范》（HJ/T 166—2004）	现场测量记录底泥深度及物理性状
土壤	河滨带土壤	物理项目：机械组成、类型、土壤质地、含水量、pH 值、盐度（以电导率计）。化学项目：有机质、碱解氮、速效磷、速效钾、剖面重金属（Hg、Cr、Cd、Pb、As、Cu、Zn）、有机氯农药			采用人工采样后实验室分析
生物	水生生物	浮游植物种类、数量和生物量	6—9 月：2 次/月，3—5 月：1 次/月，10 月至次年 2 月测 1 次	《湖泊富营养化调查规范》	现场测量记录水生植物生活情况。生物指标采用人工采样后实验室分析
		浮游动物和底栖生物种类、数量、生物量	1 次/季度，4 次/a		
		水生维管束植物种类、数量、生物量	1 次/a		
	陆生生物	河滨带植物、动物的组成、数量、种群特征，包括乔、灌、草群落及昆虫、鸟类等	植物监测年内 1 次/a。鸟类和昆虫 2 次/a。其中鸟类迁徙期非迁徙期各 1 次	《植物学》《动物学》《普通昆虫学》《鸟类学》	人工采样后实验室分析方法

6. 大气监测

大气环境质量监测从 2011 年开始。在监测年内，为使监测结果有较好的代表性，每隔一定时间采样，测定 1 次，使用多次测定的平均值。气象五参数监测频次为 1 次/h。

大气监测项目、方法及频率见表 4-3。

表 4-3　大气监测项目、方法及频率

监测项目	监测方法	监测频率	监测方式
气象参数	自动气象监测站	1 次/h	
SO_2	甲醛吸收副玫瑰苯胺分光光度法（GB/T 15262—94）	2d/月，选择晴朗天气进行监测。其中 SO_2、NO_2、PM_{10} 监测 2d 的日平均浓度，每 2～4h 监测 1 次；CO、O_3 监测 2d 的小时平均浓度，每小时 45min 采样时间	定期人工采样后实验室分析
PM_{10}	重量法（GB 6921—86）		
NO_2	Saltzman 法（GB/T 15435—95）		
O_3	靛蓝二磺酸钠分光光度法（GBT 15437—95）		
CO	非分散红外法（GB/T 9801—88）		

监测项目	监测方法	监测频率	监测方式
负离子	采用便携式空气负离子检测仪测量离子浓度，即采用电容式收集器收集空气离子所携带的电荷，并通过一个微电流计测量这些电荷所形成的电流	2d/月，选择晴朗天气进行监测。负离子监测 2d 的日平均浓度，每 2～4h 监测 1 次	定期现场测量和记录

4.5.3　监测汇总

现将官厅山峡段、平原城市段、平原郊野段的主要监测点位的监测指标及频次汇总，见表4-4。其中带"*"的点位为新增点位。

表4-4　各段监测点位、监测指标及监测频次

分段名称	监测类型	监测点位	监测指标	监测频次
官厅山峡段	地表水水文监测	青白口水文站	流速、流量、水位、水温、蒸发量、降水	
		雁翅水文站		
		三家店水文站		
	地表水水质监测	上清水水质监测站	反映水质状况的综合指标：温度、浊度、pH 值、溶解氧、氨氮和生化需氧量等	1 次/月，12 次/a
		青白口水质监测站		
		斋堂水库水质监测站		
		雁翅水质监测站		
		清水涧口水质监测站		
		三家店水质监测站		
	地下水监测	无	—	—
	水生生物监测	三家店拦河闸前	浮游植物种类、数量和生物量	6—9月：2次/月；3—5月：1次/月；10月至次年2月测1次
			浮游动物和底栖生物种类、数量、生物量	1次/季度，4次/a
			水生维管束植物种类、数量、生物量	1次/a
	陆生生物监测	三家店拦河闸前	河滨带植物的组成、数量、种群特征，包括乔、灌、草群落等	2次/a（1月、8月）
	底泥监测	三家店坝前底泥	TN、TP、有机质、Hg、Cr、Cd、Pb、As、Cu、Zn、硫及硫化物	施工前测1次，建成后第1年测1次，以后每3年测1次
	土壤监测	*三家店库区周边河滨带土壤	物理项目：机械组成、类型、土壤质地、含水量、pH 值、盐度（以电导率计）。化学项目：有机质、碱解氮、速效磷、速效钾、剖面重金属（Hg、Cr、Cd、Pb、As、Cu、Zn）、有机氯农药	

续表

分段名称	监测类型	监测点位	监测指标	监测频次
官厅山峡段	大气监测	沿河城雨量站	降雨量	每次降雨
		3个自动气象站	气象参数	1次/h
平原城市段	地表水水文监测	卢沟桥水文站	流速、流量、水位、水温、蒸发量、降水	1次/月，12次/a，在水华易发的5—10月根据情况适当加大监测密度
		麻峪潜流湿地进水口		
		南大荒湿地进水口		
		园博园潜流湿地进水口		
		稻田潜流湿地进水口		
		*城子沟入口		
		*门头沟入口		
		*高井沟入口		
		*中门寺沟入口		
		*西峰寺沟入口		
		*门城湖湖区		
		*莲石湖湖区		
		*晓月湖湖区		
		*宛平湖湖区		
		*马厂湖湖区		
	地表水水质监测	麻峪潜流湿地进水口	（1）常规指标 pH 值、总硬度、电导率、SS、DO、BOD$_5$、NH$_3$-N、NO$_3$-N、NO$_2$-N、挥发酚、高锰酸盐指数、氰化物、氟化物、硫酸盐、氯化物； （2）富营养化指标：COD$_{Mn}$、Chl-a、TN、TP、透明度； （3）卫生学指标：总大肠菌群； （4）重金属指标：Hg、Cr（Ⅵ）、Cd、Pb、As、Cu	
		南大荒湿地进水口		
		园博园潜流湿地进水口		
		稻田潜流湿地进水口		
		*城子沟入口		
		*门头沟入口		
		*高井沟入口		
		*中门寺沟入口		
		*西峰寺沟入口		
		*门城湖湖区		
		*莲石湖湖区		
		*晓月湖湖区		
		*宛平湖湖区		
		*马厂湖湖区		

分段名称	监测类型	监测点位	监测指标	监测频次
平原城市段	地下水监测	已有25眼监测井	（1）常规指标：水位、pH值、NH₃-N、NO₃-N、NO₂-N、挥发酚、总氰化物、总硬度、氟化物、氯化物、硫酸盐、溶解性总固体、高锰酸盐指数；（2）卫生学指标：总大肠菌群；（3）重金属指标：Hg、Cr（VI）、Cd、Pb、As、Fe、Mn	1次/季度，4次/a；其中重金属丰水期和枯水期各1次，2次/a
	水生生物监测	*门城湖湖区 *莲石湖湖区 *晓月湖湖区 *宛平湖湖区 *马厂湖湖区	浮游植物种类、数量和生物量	6—9月：2次/月，3—5月：1次/月，10月至次年2月测1次
			浮游动物和底栖生物种类、数量、生物量	1次/季度，4次/a
			水生维管束植物种类、数量、生物量	1次/a
	陆生生物监测	*门城湖河滨区 *晓月湖河滨区 *马厂湖河滨区	河滨带植物的组成、数量、种群特征，包括乔、灌、草群落等	2次/a（1月、8月）
	底泥监测	*门城湖区底泥	TN、TP、有机质、Hg、Cr、Cd、Pb、As、Cu、Zn、硫及硫化物	施工前测1次，建成后第1年测1次，以后每3年测1次
	土壤监测	*门城湖河滨区	物理项目：机械组成、类型、土壤质地、含水量、pH值、盐度（以电导率计）。化学项目：有机质、碱解氮、速效磷、速效钾、剖面重金属（Hg、Cr、Cd、Pb、As、Cu、Zn）、有机氯农药	
	大气监测	已有4个自动气象站（代表门城湖、宛平湖、葫芦垡河段附近气象状况）	气象参数	1次/h
平原郊野段	陆生生物监测	*赵村雨量站附近河道 *固安雨量站附近河道	河滨带植物的组成、数量、种群特征，包括乔、灌、草群落等	2次/a（1月、8月）
	土壤监测	*赵村雨量站附近河道 *固安雨量站附近河道	物理项目：机械组成、类型、土壤质地、含水量、pH值、盐度（以电导率计）。化学项目：有机质、碱解氮、速效磷、速效钾、剖面重金属（Hg、Cr、Cd、Pb、As、Cu、Zn）、有机氯农药	施工前测1次，建成后第1年测1次，以后每3年测1次
	大气监测	固安自动气象监测站 *赵村自动气象监测站	气象参数	1次/h

统计永定河流域三段各指标新增监测点数量统计见表 4-5。

表 4-5　永定河流域三段各指标新增监测点数量统计

序号	监测指标	新增监测点数			总计
		山峡段	城市段	郊野段	
1	地表水水文	0	15	0	15
2	地表水水质	0	21	0	21
3	地下水	0	0	0	0
4	水生生物	0	5	0	5
5	陆生生物	0	3	2	5
6	河滨土壤	1	1	2	4
7	水体底泥	0	1	0	1
8	大气	0	0	1	1

4.5.4　监测方法及体系的进一步完善

前述监测站点的布设及监测内容的选取，主要是采用地面监测的方式来确保永定河生态修复目标的实现和永定河生态环境的改善。根据生态环境监测的趋势，地面监测应该和 3S（GIS、RS、GPS）技术相结合，从宏观和微观角度来审视生态质量，推广 GPS 定位观测，以获取综合整体且准确完全的监测结果。因此，对于永定河生态修复监测系统的规划，建议在上述传统监测方式——通过野外实地监测点位对各生态指标因子相关数据进行监测、采集、整理与分析的基础上，纳入卫星监测系统，进一步结合 3S（GIS、RS、GPS）技术、遥感解译和遥感反演等方法进行更加深入而全面的分析，研究永定河生态环境现状。

在本规划中，利用遥感技术可以达到以下目的：①对现状永定河生态环境因子的监测；②对历史永定河生态环境因子的调查，以对生态修复效果评估提供对比的依据。为达到第一个目的，主要采用的是遥感解译与模型反演两种方法。为达到第二个目的，主要采用的是遥感模型反演的方法。其中，遥感解译的方法是通过少量样地的抽样调查，结合遥感影像实现对大面积区域专题因子快速调查的结果。其过程为通过遥感影像与外业实地照片，建立遥感解译标志。当按照解译标志解译全景影像后，再次通过少量外业点验证与修改解译的结果。遥感模型反演的方法通过外业少量的样点专题信息的调查与遥感影像光谱信息，结合多元线性或非线性数学建模的方法，建立基于遥感影像的专题因子模型，反算整个区域每个像元的专题因子量，获取专题因子分布图。

　　在对永定河生态修复进行监测研究时，进一步结合外业生态环境因子的调查结果，通过遥感技术解译与模型反演两种主要方法，获取现状的生态环境因子定量化现状；利用积累的多期遥感历史数据与调查的资料，解译或反演永定河生态环境因子，形成对包括植被覆盖度、湿地、土地利用动态变化等的监测。在对永定河生态修复效果进行传统定点监测的基础上，进一步采用3S技术、遥感解译和遥感反演等方法，以遥感影像资料为基础，定量化的研究其生态环境因子的变化与趋势，分析其环境问题变化关键因子所在，量化永定河流域的植被类型及分布、土地类型及面积、生物量分布、土壤类型及水分特征、生物群落等，综合分析永定河流域的水文、水质、土壤、大气和生物。植被等各种生态指标的时空演变特征，分析空间景观格局及其变迁，并确定不同生境和生物学特征在空间上的相关性，研究永定河流域生态系统和生态功能在生态修复前后的时空演变特征，以综合评价其生态治理的效果。尤其是在进行相关河段的土壤监测、大气监测、陆生生物监测时，监测点布置的较少，不足以进行全年详细的了解，可以在设点监测的基础上，充分利用3S（GIS、RS、GPS）技术对其进行进一步的补充和完善，以充分掌握永定河的生态环境状况；同时，设置的土壤、大气监测点数据，也可作为验证资料以确保3S技术方法的适用性。

　　在应用遥感技术对永定河生态环境因子进行调查分析时，应该注意以下事项：

　　（1）遥感技术获取的是某个时间点上的地物表面反射的光谱信息，为了保证各年研究的生态环境因子具有可比性，尽量选取的是同一月份的遥感影像数据。

　　（2）从遥感影像上直接获取的信息量有限，应结合地形数据、土地调查数据、林业调查数据等多种数据，利用监督分类或专家分类，确保专题信息提取满足研究需要。

　　（3）在遥感调查中，可采用高、中空间分辨率的遥感影像，针对不同生态环境因子、不同研究区域范围，采用不同的遥感数据源，所有的遥感影像与地理信息数据应采用统一的坐标与投稿，以确保各层专题信息能够进行叠加分析。

　　3S（GIS、RS、GPS）技术的结合应用，作为本监测方法及体系的进一步完善，也是本监测规划方案的一个重大创新点。采用3S（GIS、RS、GPS）技术和遥感解译、遥感反演等方法可以科学辨析、定量评价永定河生态系统状况和健康状况，开展永定河不同区段河流自然特性调查，分析不同环境与生物适应性关系，研究永定河流域生态系统和生态功能的时空演变特征，实现永定河生态环境的信息化管理，形成长期、有效、先进的生态修复监测体系。

第5章 永定河规划实施保障措施

5.1 组织机构与管理措施保障

5.1.1 管理机构

永定河北京段由河北幽州入境至梁各庄出境，长约 170km。按照统一管理和分级管理相结合的原则，北京市政府对永定河的管理职能主要由水务部门以及环保、规划等相关涉水部门行使，以水务部门为主，从整体上形成了三级水务的管理模式（图 5-1）。

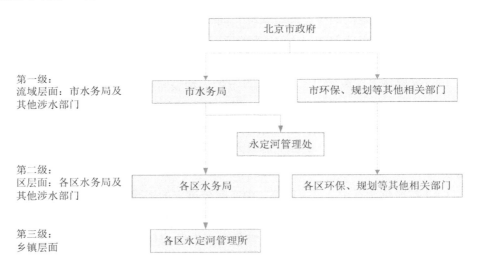

图 5-1 永定河北京段管理机构组织体系现状示意图

在流域管理层面，北京市水务局是实施流域管理职能的主要部门，永定河管理处具体履行对永定河的管理职责。在区域管理方面，各区对境内河段管理以区水务局为主，区水务局下设水务所、水务站具体实施。

永定河北京段生态监测的组织实施建议由北京市永定河管理处负责、会同北京市水文总站共同完成。

1. 北京市永定河管理处

北京市永定河管理处隶属于北京市水务局，于 1975 年 5 月成立，属差额拨款事业单位。承担永定河北京段的工程管理及防汛任务，主要包括河道及水工建筑物的日常管理与维护、基础设施建设及防洪等。主要职能如下：

（1）防汛：确保永定河安全度汛，确保首都防洪安全。

（2）工程管理：负责河道内水利工程的基本建设及水利工程设施的维护保养，工程岁修，河道及闸、站、所的绿化美化。

（3）水政监察：负责河道内的河道清障，水政执法。

（4）河道整治开发、综合利用。

（5）对沿河门头沟、石景山、丰台、房山、大兴五区河道管理部分的业务进行指导和协调。

现有职能部门主要有：工程计划科、监察科、水政监察大队、信息办公室、绿化办公室、斋堂水库管理所、黑水河橡胶坝管理所、卢沟桥分洪枢纽管理所、永定河滞洪水库管理所。

2. 北京市水文总站

北京市水文总站成立于 1963 年 4 月，全额拨款事业单位，隶属于北京市水务局。承担着全市防汛抗旱、供水安全和水环境保护的水文信息保障工作，负责全市水文行业的站网规划、水文水资源监测、资料整编、分析评价、预测预报的技术管理。主要职能如下：

（1）负责编制北京市水文行业中长期发展规划和年度计划，经批准后组织实施。

（2）负责北京市地表水、地下水水量和水质的监测并发布水文、水质通报；协同组织北京市水资源调查和评价工作，参与编制北京市水资源公报。

（3）负责北京市水文、水质资料的收集、整编，建设和管理北京市国家水文、水质数据库，负责北京市水文资料使用的审定与管理。

（4）负责北京市水文水资源勘测调查评价资格认证的日常管理工作。

（5）参与制订北京市防汛排涝、水资源调度等方案，参与起草北京市水文管理的地方性法规、政府规章和规范性文件，承办北京市水务局交办的其他事项。

3. 组织机构体系建设

本次工程建设项目众多，涉及沿河单位、部门多，为确保工程顺利实施及利于后期管理，建议成立永定河绿色生态走廊工程建设管理办公室，并由北京市永定河管理处调拨本单位工作人员组建永定河生态监测组，负责生态监测工作的组织及实现。考虑到河道管理便捷及生态监测工作需要较高的专业技术水平等因素，具体的实施方面可以委托第三方进行监测，聘请有资质的单位负责监测工作的完成。

同时北京市水务局建立永定河生态监测专家咨询委员会，对永定河生态监测规划的实施及数据结果提供咨询意见，为监测数据的分析总结以及下一步的监测实施方案等提供指导意见。

永定河北京段生态监测工作组织结构示意图如图 5-2 所示。

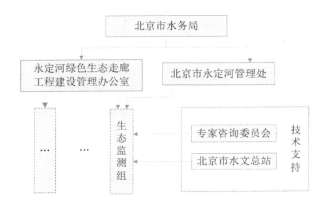

图 5-2 永定河北京段生态监测工作组织结构示意图

规划实施期间，可能发生规划中未能预料的情况，需要及时调整生态监测内容与频次。通过年度评估，适时调整监测方案；同时检验各相关部门的工作落实情况，保障监测规划的顺利实施。

永定河发源于山西，流经山西、河北、北京、天津两省两直辖市。环境生态问题要全流域考虑。河流上游地区的污染、破坏、过度取水等对下游河流生态影响重大，基于整个流域生态修复及管理考虑，建议在远期规划中成立专门的永定河流域管理机构，作为海河水利委员会的直属部门，对永定河监测进行全流域规划和管理。

5.1.2 投资保障

规划实施所需资金由北京市政府投资，建议在永定河绿色生态走廊建设项目投资费用中拨立专款用于永定河生态监测规划的实施，由永定河工程建设管理办公室上报申请监测建设投资与每年的监测费用，由北京市水务局审批。建议将生态监测工程组纳入财政全额拨款，实施期间每年按时拨付。

5.1.3　人才与技术保障

北京市水文总站成立于 1963 年，长期从事首都水文、水情、水资源、水环境的监测研究工作。既是首都水务科技创新队伍的重要组成部分，又是服务首都治水工作的基础部门，具备为水务和经济社会发展提供有力支撑和优质服务的能力。

北京市水文总站拥有一支专业结构、知识结构合理、各类人才衔接有序的职工队伍，目前在北京市已建成以降水、地表水、地下水、水环境为基础的监测体系、健全规范的水文分析评价体系、初步的预测预报体系，拓展了水生态、再生水、排水、饮用水等监测和分析评价领域，及时发布各类水文水资源评价和研究成果。

由于北京市再生水使用量较大，用常规的物理化学指标评价水质状况及功能已不能全面反映水体状况，北京市水文总站研究制定了《北京市水生态监测方案》，正式将水生态监测纳入水环境常规监测工作当中。选择全市 17 个重点和敏感水域共 22 个监测站点，监测指标包括水质常规、底栖动物、浮游植物、浮游动物、水生维管束植物等，同时组织开展重点水域水生态现状评价工作，尝试用生态指标评价水质状况。

因此，由北京市水文总站对永定河管理处组建的生态监测组进行培训和指导，帮助建设专门的实验室，进行各项目的检测，在技术和人才方面都有了全面的保障，可将永定河生态监测规划具体实施。

5.1.4　公众参与和社会监督

建设公众参与制度，及时公布永定河生态构建与修复工程的建设内容，对永定河水质改善、生物系统建设等进行科普宣传。

开辟永定河生态监测热线电话或网页，鼓励河道周边群众、景区游客及时监督上报永定河的水体污染情况、新增物种情况、相关设施安全情况等，引导社会大众从不同角度、以多种方式，积极参与到永定河的生态监测工作中来。加强对永定河生态环境保护的执法力度，对钓鱼、倾倒垃圾、排放污水、盗采砂石等破坏河流生态环境的行为进行严格管理，制定相关惩罚条例和鼓励群众参与监督的措施，如与河流邻近的居民区委员会联合，鼓励组成居民联合小组自觉定期的监督及制止对河流生态环境的破坏行为。

5.2 建立生态监测评价体系

对永定河进行生态监测的目的是为了评估其水体生态系统的修复情况，从水质和水量变化、土壤污染指数变化、植被群落和栖息地变化、生物多样性变化、大气综合环境质量变化等方面，对永定河生态修复效果进行评估。建立生态监测评估体系，可从多个方面对监测到的永定河的生态健康状况进行评估，即根据多种指标对监测到的永定河生态数据进行评估，得到关于永定河的生态监测评估结果，包括永定河生态系统的健康情况、存在问题和发展趋势等，评估结果可用于指导工程设计的优化和完善，为相应的管理部门提供决策支持。

5.2.1 评估指标

具体地，生态监测评估体系从地表水和地下水的水环境质量、土壤污染指数、生物多样性、大气综合环境质量/生态效益等方面，评估体系包括的评估指标及相应的评价方法如下：

（1）地表水水环境质量评价：整体评估判定标准、超标倍数、综合营养状态指数。

（2）地下水质量评价：单项评价分值、综合评价分值。

（3）土壤质量评价：单项污染指数、污染分担率、污染超标倍数、内梅罗污染指数。

（4）生物多样性评价：水生生物多样性指数、陆生生物 Margalef 指数、某物种总量密度均值。

（5）大气质量评价：主要大气指标达标率、空气评价指数。

（6）生态效益评价：供水功能、贮水功能、文化功能。

5.2.2 评估方法

5.2.2.1 地表水

地表水评估体系的构建主要分为三个方面：一是整体评估，主要进行常规水质指标检测；二是特有水环境问题的评估，例如富营养化、盐化；三是突发事故预警监测，为相应的预警机制建立提供依据。其中，预警监测可采用开发的预警软件，根据已有的监测数据进行分析预测（见 5.3 节）。

整体评估和特有水环境问题的评估方法如下：

（1）整体评估判定标准。地表水体整体评估主要采取水功能区常规水质指标逐项检验的方法进行水质是否达标的判定，采用"单项否决制"，只要有一项指标不达标，即认为水质不符合标准。

（2）水质指标超标倍数。对超标的项目附超标倍数，即（超标项目浓度−目标水质浓度）/目标水质浓度，可看出超出目标水质多少倍。

（3）水体富营养化综合评价。采用中国环境监测总站于 2001 年底提出的综合营养状态指数法（TLI 法）：

$$TLI(\Sigma) = \sum_{j=1}^{m} W_j \cdot TLI(j) \qquad (5\text{-}1)$$

式中：$TLI(\Sigma)$ 为综合营养状态指数；$TLI(j)$ 为第 j 种参数的营养状态指数；W_j 为第 j 种参数的营养状态指数的相关权重。

以 Chl-a 作为基准参数，则第 j 种参数的归一化的相关权重计算公式为

$$W_j = \frac{r_{ij}^2}{\sum\limits_{j=1}^{m} r_{ij}^2} \qquad (5\text{-}2)$$

式中：r_{ij} 为第 j 种参数与基准参数 Chl-a 的相关系数；m 为评价参数的个数。据研究统计，各评价参数与 Chl-a 的相关关系见表 5-1。

表 5-1 各参数与 Chl-a 的相关关系表

参数	Chl-a	TP	TN	SD	COD$_{Mn}$
r_{ij}	1	0.84	0.82	−0.83	0.83
r_{ij}^2	1	0.7056	0.6427	0.6889	0.6689

营养状态指数计算式：

$$\left.\begin{array}{l} TLI(\text{Chl-a}) = 10(2.5 + 1.086\ln\text{Chl-a}) \\ TLI(\text{TP}) = 10(9.436 + 1.624\ln\text{TP}) \\ TLI(\text{TN}) = 10(5.453 + 1.694\ln\text{TN}) \\ TLI(\text{SD}) = 10(5.118 - 1.94\ln\text{SD}) \\ TLI(\text{COD}) = 10(0.109 + 2.661\ln\text{COD}) \end{array}\right\} \qquad (5\text{-}3)$$

$TLI(\Sigma)$ 采用 0～100 之间的连续数值将湖泊营养状态级别分为贫营养（0～30）、中营养（30~50）、轻富营养（50～60）、中富营养（60～70）和重富营养（70～100）。

5.2.2.2 地下水

（1）地下水质量单项组分评价。按地下水质量标准所列分类指标，将各监测指标浓度与 5 种类别水质对应，划分单项组分所属水质类别。

（2）地下水质量综合评价。首先进行各单项组分评价，划分所属质量类别，对各类别按表 5-2 规定分别确定单项组分评价分值 F_i。

表 5-2　单项组分评价分值与所属类别对应表

类别	I	II	III	IV	V
F_i	0	1	3	6	10

并按以下两公式计算综合评价分值 F：

$$F = \sqrt{\frac{F_{\max}^2 + \overline{F}^2}{2}} \tag{5-4}$$

$$\overline{F} = \frac{1}{n} \sum_{i=1}^{n} F_i \tag{5-5}$$

式中：$\overline{F}$ 为各单项组分评分值 F_i 的平均值；$F_{\max}$ 为单项组分评价分值 F_i 的最大值；n 为组分项数。

根据计算所得 F 值，按表 5-3 划分地下水质量级别。

表 5-3　水质级别与综合评价分值对应关系表

级别	优良	良好	较好	较差	极差
F	$F<0.80$	$0.80 \leqslant F<2.50$	$2.50 \leqslant F<4.25$	$4.25 \leqslant F<7.20$	$F \geqslant 7.20$

5.2.2.3　土壤

评价标准常采用国家土壤环境质量标准，评价模式采用污染指数法和内梅罗污染指数评价。

1．污染指数、超标率评价

（1）单项污染指数。土壤环境质量评价一般以单项污染指数为主，指数小污染轻，指数大污染重。

土壤单项污染指数=土壤污染物实测值/土壤污染物质量标准

（2）污染分担率。土壤污染物分担率可评价确定土壤的主要污染项目，污染物分担率由大到小排序，污染物主次也同此序。

土壤污染物分担率（%）=（土壤某项污染指数/各项污染指数之和）×100%

（3）土壤污染超标倍数。土壤污染超标倍数=（土壤某污染物实测值−某污染物质量标准）/某污染物质量标准。

2．内梅罗污染指数评价

内梅罗污染指数计算公式为

$$P_N = \{[(PI_{均}^2) + (PI_{最大}^2)]/2\}^{1/2} \tag{5-6}$$

式中：$PI_{均}$ 和 $PI_{最大}$ 分别为平均单项污染指数和最大单项污染指数。

内梅罗指数反映了各污染物对土壤的作用，同时突出了高浓度污染物对土壤环境质量的影响，可按内梅罗污染指数，划定污染等级。内梅罗指数土壤污染评价标准见表5-4。

表5-4 内梅罗指数土壤污染评价标准表

等级	内梅罗污染指数	污染等级
I	$P_N \leqslant 0.7$	清洁（安全）
II	$0.7 < P_N \leqslant 1.0$	尚清洁（警戒限）
III	$1.0 < P_N \leqslant 2.0$	轻度污染
IV	$2.0 < P_N \leqslant 3.0$	中度污染
V	$P_N > 3.0$	重污染

5.2.2.4 生物

主要采用生物多样性指数进行评价，生物多样性指数主要由多样性指数、均匀度和优势度组成。

1．浮游植物

（1）浮游藻类群落组成、数量及优势种群的指示作用。可根据实验室鉴定的藻类种群、数量和优势种是否为耐污染的富营养型水体指示种，来判断水体水质的好坏。

一般在未污染水体中，浮游植物种类多而种群数量大都偏低。在被污染水体中，由于不同种类对污染的反应不同，少数耐污种群数量增加。在污染严重时种类数和种群数量都降低。

（2）浮游植物的 Shannon-Weaver 多样性指数的指示作用。

Shannon-Weaver 多样性指数计算公式为

$$H = -\sum (N_i / N) \lg (N_i / N) \tag{5-7}$$

式中：N_i 为 i 种的个体数（或其他现存量参数）；N 为总个体数（或其他现存量参数）。

Shannon-Weaver 多样性指数评价标准：$H = 0\sim1$ 为重污染；$H = 1\sim3$ 为中污染；$H > 3$ 为轻污染或无污染。

2．浮游动物

（1）浮游动物优势度的指示作用。浮游动物优势种可用优势度表示。物种优势度计算公式为

$$Y = (N_i f_i) / N \tag{5-8}$$

式中：Y 为物种优势度；N_i 为第 i 种的个体数；N 为该水体所有个体总数之和；f_i

为该种出现的频度；当某一物种 $Y \geq 0.02$ 时，可视为优势种类。

根据鉴定数据和公式计算，来判断此优势种是否为耐污染的种类，从而评价当时水体的水质状况。

（2）浮游动物的群落构成、数量的指示作用。浮游动物由原生动物、轮虫类、枝角类和桡足类共4大类组成。一个自然水体如果是以原生动物和轮虫种类占优势，那么该水体是受到污染的水体；只有水体水质变好，枝角类和桡足类的动物才会逐渐出现。

一般在评价水体营养状况时，如果浮游动物数量超过 3000 个/L 时，就认为该水体已达富营养化水平。

3．底栖大型无脊椎动物

（1）耐污值。大型底栖无脊椎动物耐污值反映的是底栖动物对外界环境各种污染物的综合耐受能力。把采到的底栖大型无脊椎动物分类（科、属、种），按其耐污性确定污染值，这个值为 0~10，一般对耐污值小于 4 的生物称为敏感生物，而对耐污值大于 7 的生物称为耐污生物。耐污值越大，底栖动物耐污性越强，水体污染就越严重。

（2）Hilsenhoff 生物指数（Hilsnhoff's Biotic Index）。Hilsenhoff 生物指数是基于生物耐污值大小计算而得的一个水质评价生物指数，广泛应用于各类水体的水质生物评价。

Hilsenhoff 生物指数公式为

$$FBI = \sum_{i=1}^{S} (n_i)(a_i) / N \tag{5-9}$$

式中：n_i 为第 i 分类单元的个体数；a_i 为第 i 分类单元的耐污值；N 为各分类单元的个体总和；S 为分类单元个数。

水质评价标准见表 5-5。

表 5-5　Hilsenhoff 评分等级

生物指标	水质	有机污染的程度
0.00~3.50	最优	无明显的污染
3.51~4.50	优	极微的污染
4.51~5.50	良	略有污染
5.51~6.50	一般	有些污染
6.51~7.50	较差	较明显的污染
7.51~8.50	差	非常明显的污染
8.51~10.00	最差	严重的污染

4．水生维管束植物

（1）Gleason 丰富度指数。其计算公式为

$$dGl = (S-1)/\ln A \qquad (5\text{-}10)$$

式中：S 为样地中物种数；A 为样地面积。

物种丰富度是最简单、最古老的物种多样性测定方法，它表明一定面积的样地或区域内的植物物种的数目。

（2）Pielou 均匀度指数。其计算公式为

$$E = H/H_{max} \qquad (5\text{-}11)$$

式中：H 为实际观察的物种多样性指数；H_{max} 为最大的物种多样性指数，$H_{max}=\ln S$（S 为群落中的总物种数）。

均匀度是群落多样性研究中十分重要的概率，指群落中不同物种的多度分布的均匀程度。数值在 0～1 之间，数值越大，分布越均匀。

（3）Simpson 优势度指数。其计算公式为

$$SP = 1-\lambda = 1-\dfrac{\sum\limits_{i=1}^{S} n_i(n_i-1)}{N(N-1)} \qquad (5\text{-}12)$$

式中：N 为样方内所有物种的总个体数；n_i 是第 i 个物种的个体数；S 为样方中物种数；λ 为属于相同物种的概率，其值为 0～1 之间，λ 值大说明优势度高，多样性低。

SP 的直观意义是：当从包含 N 个个体、S 个物种的样地中抽取个体并不放回，连续抽样，如果抽取的个体属于相同物种的概率大，则多样性低，反之则高。当 $n_i/N=1/S$ 时，群落内所有物种的个体数相等，群落有最大的物种多样性。

（4）Shannon-Weaver 多样性指数。其计算公式为

$$H = -\sum(N_i/N)\lg(N_i/N) \qquad (5\text{-}13)$$

式中：N_i 为 i 种的个体数（或其他现存量参数）；N 为总个体数（或其他现存量参数）。

Shannon-Weaver 多样性指数评价标准：H 值越大，群落多样性越大。

5．鱼类

鱼类群落多样性指数主要表现为鱼类出现的种类和数量的多寡，可以用 Shannon-Weaver 多样性指数表示，计算和指数意义同上水生维管束植物评价。

6．陆生生物

（1）Margalef 指数：

$$D = \frac{S-1}{\ln N} \tag{5-14}$$

式中：S 为群落中的总种数；N 为观察到的个体总数。

Margalef 指数是指一个群落中物种数目的多寡；D 越大群落中物种的数目越多。

（2）某一物种总量密度均值：

$$D = \frac{1}{n} \sum_{i=1}^{n} \frac{n_i}{2l_i s_i} \tag{5-15}$$

式中：n 为所选样条带总数；n_i 为第 i 块样条带中所见的某种物种的总数；l_i 为样条带长；s_i 为单侧样条带的宽。

根据不同物种的数量及种类反映了其所处的生态系统的健康程度。

5.2.2.5　空气质量

1．单项指标评价

SO_2、NO_2、CO、O_3、PM_{10} 的评价方法：按照国标或环境行业标准对各指标分析监测方法的规定，计算出大气单项指标浓度，再根据《环境空气质量标准》（GB 3095—1996）中的规定，得出各单项指标对应的空气质量级别。

负离子评价方法：目前比较常用的评价方法是单极系数和空气评价指数方法进行评价。

（1）单级系数法：

$$q = n^+ / n^- \tag{5-16}$$

式中：q 为单极系数；n^+ 为正离子均值；n^- 为负离子均值；国际上一般认为，当 $q > 1.0$ 时，空气不清洁；当 $q \leqslant 1.0$，空气清洁，人体感到舒适，并对多种疾病有辅助治疗作用。

（2）空气评价指数法：

$$CI = n^- / (1000q) \tag{5-17}$$

式中：CI 为空气评价指数。

日本制定的空气清洁度（CI）评价标准见表 5-6。

表 5-6　日本制定的空气清洁度 CI 评价标准

空气清洁程度	A 最清洁	B 清洁	C 中等	D 允许	E 临界值
空气离子评价指数（CI）	>1.00	1.00~0.70	0.69~0.50	0.49~0.30	<0.29

2．空气污染指数法

空气污染指数（Air Pollution Index，API）是根据空气环境质量标准和各项污染物的生态环境效应及其对人体健康的影响来确定污染指数的分级数值及相应的污染物浓度限值，是一种反映和评价空气质量的数量尺度方法。空气污染的污染物有：烟尘、总悬浮颗粒物、可吸入悬浮颗粒物（浮尘）、二氧化氮、二氧化硫、一氧化碳、臭氧、挥发性有机化合物等。空气污染指数将常规监测的几种空气污染物浓度简化成为单一的概念性指数数值形式，并分级表征空气污染程度和空气质量状况。

设 I 为某污染物的污染指数，C 为该污染物的浓度。空气污染指数（API）的基本计算公式如下：

$$I = \frac{I_{大} - I_{小}}{C_{大} - C_{小}}(C - C_{小}) + I_{小} \qquad （5-18）$$

其中：

$C_{大}$ 与 $C_{小}$：在 API 分级限值表 5-7 中，最贴近 C 值的两个值，$C_{大}$ 为大于 C 的限值，$C_{小}$ 为小于 C 的限值。

$I_{大}$ 与 $I_{小}$：在 API 分级限值表 5-7 中最贴近 I 值的两个值，$I_{大}$ 为大于 I 的值，$I_{小}$ 为小于 I 的值。

表 5-7　空气污染指数对应的污染物浓度限值

污染指数 API	污染物浓度/（mg/m³）				
	SO_2	NO_2	PM_{10}	CO	O_3
	（日均值）	（日均值）	（日均值）	（小时均值）	（小时均值）
50	0.05	0.08	0.05	5	0.12
100	0.15	0.12	0.15	10	0.2
200	0.8	0.28	0.35	60	0.4
300	1.6	0.565	0.42	90	0.8
400	2.1	0.75	0.5	120	1
500	2.62	0.94	0.6	150	1.2

各种污染物的污染分指数都计算出后，取最大者为该区域的空气污染指数 API，且该项污染物即为该区域空气中的首要污染物。

$$API = \max(I_1, I_2, \cdots, I_i, \cdots, I_n) \qquad （5-19）$$

空气污染指数是评估空气质量状况的一组数字，它能告诉人们今天或明天大家呼吸的空气是清洁的还是受到污染的，以及应当注意的健康问题。空气污染指数关注的是吸入受到污染的空气以后几小时或几天内人体健康可能受到的影响。不同 API 对应的空气质量见表 5-8。

表 5-8　不同 *API* 对应的空气质量表

API	0～50	51～100	101～150	151～200	201～250	251～300	>300
空气质量	优	良	轻微污染	轻度污染	中度污染	中度重污染	重污染

空气污染指数划分为 0～50、51～100、101～150、151～200、201～250、251～300 和大于 300 七档，对应于空气质量的七个级别，指数越大，级别越高，说明污染越严重，对人体健康的影响也越明显。

空气污染指数为 0～50，空气质量级别为Ⅰ级，空气质量状况属于优。此时不存在空气污染问题，对公众的健康没有任何危害。

空气污染指数为 51～100，空气质量级别为Ⅱ级，空气质量状况属于良。此时空气质量被认为是可以接受的，除极少数对某种污染物特别敏感的人以外，对公众健康没有危害。

空气污染指数为 101～150，空气质量级别为Ⅲ（1）级，空气质量状况属于轻微污染。此时，对污染物比较敏感的人群，例如儿童和老年人、呼吸道疾病或心脏病患者，以及喜爱户外活动的人，他们的健康状况会受到影响，但对健康人群基本没有影响。

空气污染指数为 151～200，空气质量级别为Ⅲ（2）级，空气质量状况属于轻度污染。此时，几乎每个人的健康都会受到影响，对敏感人群的不利影响尤为明显。

空气污染指数为 201～300，空气质量级别为Ⅳ（1）级和Ⅳ（2）级，空气质量状况属于中度和中度重污染。此时，每个人的健康都会受到比较严重的影响。

空气污染指数大于 300，空气质量级别为Ⅴ级，空气质量状况属于重度污染。此时，所有人的健康都会受到严重影响。

空气污染指数的预测可以在严重的空气污染情况出现前，提醒市民大众，特别是那些对空气污染敏感的人士，如患有心脏病或呼吸系统疾病者，在必要时采取预防措施。

5.2.2.6　生态效益

将永定河的生态效益评估纳入到评估体系中，为以后的成果输出做参考。此处借鉴"永定河生态服务价值与生态修复目标"构建的永定河生态服务功能价值指标体系中的部分评价指标，包括供水、贮水、文化功能等，主要评估生态修复给公众带来的好处。

1．供水功能

河流水供给功能的评价利用市场价值法，利用现行水价，把各类用水量作为考量指标，来衡量永定河供水的价值。计算公式为

$$V_1 = \Sigma(Q_i P_i) \qquad (5\text{-}20)$$

式中：V_1 为水供给功能价值；Q_i 为 i 种用途的水量；P_i 为 i 种用途水的单位成本价格。

2．贮水功能

贮水功能价值利用替代工程法进行计算，计算公式为

$$V_2 = (A + B)P \qquad (5\text{-}21)$$

式中：V_2 为贮水价值；A 为地表水资源总量；B 为地下水资源总量；P 为单位蓄水量的库容成本。

3．文化服务

（1）旅游娱乐。根据各区县旅游部门统计的数据，利用市场价值法计算旅游总价值：

$$V_{11} = \sum_{i=1}^{R} T_i \qquad (5\text{-}22)$$

式中：V_{11} 为永定河生态系统旅游娱乐服务价值；T_i 为游客在各旅游风景区的消费总数；R 为旅游风景区的个数。

（2）休闲功能。利用旅行费用法，采用调查问卷的方式获取游客的支付意愿来估算永定河的休闲功能价值，计算公式为

$$V_{12} = \Sigma(C_i n_i + S_i t_i)/(NP) \qquad (5\text{-}23)$$

式中：V_{12} 为永定河生态系统休闲服务价值；C_i 为调查对象每次去永定河周边的开销；n_i 为调查对象每年去永定河郊野自助游的次数；S_i 为调查对象的日工资；t_i 为调查对象每次郊游的天数；N 为样本数；P 为北京市总人口数。

5.3　开发生态监测数据管理系统

针对永定河生态管理的需要，建立一套基于河流生态监测的数据管理系统。如图 5-3 所示，该系统主要包括生态监测评估模块、数据管理平台和预测预警模块三个部分，具有系统科学，针对性强等特点。永定河生态监测数据管理系统能够为流域水污染防治、水资源保护和水资源开发、利用及管理提供决策支持。

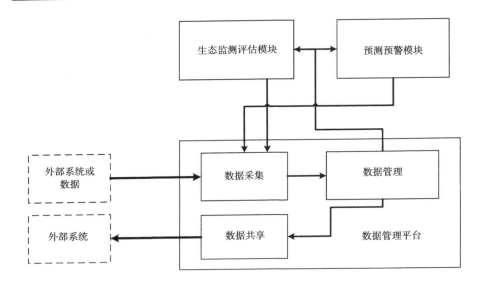

图 5-3　永定河生态监测数据管理系统结构示意图

其中，生态监测到的直接结果数据（也称监测数据）首先通过外部系统存储于数据管理平台中作为基础数据库的一部分进行数据管理；同时，监测数据通过数据管理平台传输至生态监测评估模块中，根据河流生态评估的各种评价指标和评价方法（5.2 节）得到河流生态系统修复的评估结果，一方面将其回传至数据管理平台作为共享数据的一部分，另一方面将其传递给预测预警模块作为水质水华预测的基础数据之一；此外，结合基础监测数据和生态监测评估结果，预测预警模块对水环境质量、水体富营养状况、水华及水环境灾害突发事件等进行预测预警，预测结果亦回传至数据管理平台作为其中数据管理的一部分。

5.3.1　开发数据管理平台

永定河流域生态环境监测数据管理平台主要是为了实现流域内区县相关部门和各监测站点的生态环境监测数据的自动汇集、加工处理、共享交换、发布与服务等功能，向有关部门提供生态数据的随时上报、分类统计、分项评价及查询等服务，为流域内各站点及相关行业部门及时掌握流域重要水体水质、生物、土壤质量提供高效的信息服务。

数据管理平台对监测到的永定河监测数据进行管理，并将生态监测评估结果作为共享数据实现信息共享交流，用于将监测到的河流监测数据上报至共享数据库和共享平台，并根据设定的信息共享交流机制，给相关政府决策部门用户提供服务。

数据管理平台系统大体采取五层设计，如图 5-4 所示。数据管理平台包括用户界面、功能模块、应用服务层、数据交互层和数据库。其中，功能模块主要用于实现用户登录、首页显示、查询检索、GIS 地图显示、采集上报、基础信息存储、权限管理和填报管理；数据库中包括基础信息，水文、气象数据，水质数据，水生生物数据，土壤数据和系统管理。

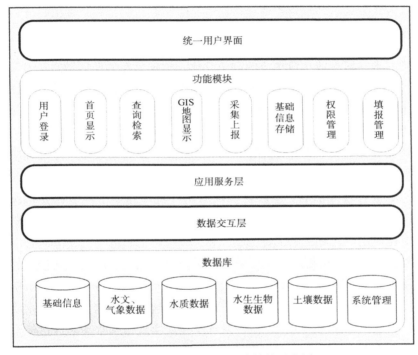

图 5-4　数据管理平台系统结构示意图

永定河流域生态环境监测数据管理平台建设任务主要包括数据采集上报、共享数据库建设、信息共享平台建设和信息共享交流机制建设等。收集各监测指标的相关信息及永定河流域的基础特征信息，对这些数据进行整理分析，计算各项指标的评估结果，确定信息管理平台的具体内容，采集上报至永定河流域生态监测共享数据库和共享平台，并制定信息共享交流机制，严格标准体系，明确责任分工，明确数据共享范围、任务、内容、更新频次、数据格式等相关内容，并不断完善。为流域各站点和相关部门用户提供数据采集上报、信息查询检索、数据下载等信息服务。

数据管理平台结合永定河生态监测和管理的需要,其数据库分类细致,功能设置丰富全面,可实现流域生态环境监测数据的自动汇集、加工处理、共享交换、发布与服务等功能,可实现流域内区县相关部门和各监测站点的生态环境监测数据的自动汇集、加工处理、共享交换、发布与服务等功能,向有关部门提供生态数据的随时上报、分类统计、分项评价及查询等服务,为流域内各站点及相关行业部门及时掌握流域重要水体水质、生物、土壤质量提供高效的信息服务。

5.3.2 开发预警软件

为监测永定河流域水量水质的动态变化,根据已有的监测数据,开发水质预测系统。内含水质预测、水华预警、监督管理等子模块,及时准确地对水环境质量、水体富营养状况、水华及水环境灾害突发事件进行预测预警,为流域管理者提供有效的决策支持。

预测预警软件将流域生态预测和评价的各个方面集成于一个系统之中,在基础数据库的支撑下采用相应的支撑方法实现水生态评价、水质预测预警、水华预警、监督管理等功能,及时准确地对水环境质量、水体富营养状况、水华及水环境灾害突发事件进行预测预警,为对永定河流域实现生态管理提供有效的决策支持。

如图 5-5 所示,预测预警模块采取三层设计,包括应用层、支持层和数据支撑层。其中,应用层包括水生态评价子模块、水质预测预警子模块、水华预警子模块和监督管理子模块。水生态评价子模块实现包括富营养化评价、水质水量联合评价、水质趋势分析的功能,监督管理子模块实现包括水功能区达标分析、纳污能力计算功能。支持层包括 Web 应用服务器、GIS 组件、模型与方法和系统管理组件。数据支撑层包括专题数据库、成果数据库、元数据库、基础类数据库、实时类数据库、历史类数据库和分析类数据库。

永定河预测预警系统建设工程主要包括:数据库建设、模型构建、水质预警系统建设、水华预警系统建设、可视化和人机交互、水生态评价和监督管理功能、系统集成。根据系统建设的要求进行水质和水动力模型的选取及模型构建,研究建设突发污染事故预警系统和水质预测系统,以及河流水体水华预警系统。建设包括富营养化评价、水质水量联合评价、水质趋势分析在内的水质评价模块,与包括水功能区达标分析、纳污能力计算等的监督管理模块整合。为流域水污染防治、水资源保护和水资源开发、利用及管理提供决策支持。

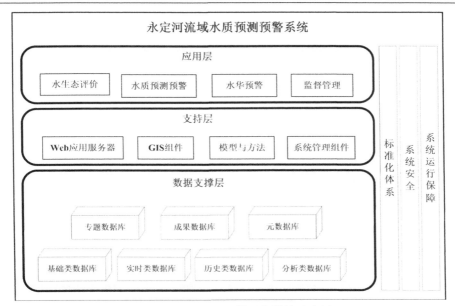

图 5-5　水质预测预警系统结构示意图

参考文献

[1] 北京林业大学. 永定河生态服务价值与生态修复目标[M]. 北京：北京林业大学，2010.

[2] 北京市水利规划设计研究院. 永定河生态构建与修复关键技术研究及示范[R]. 北京：北京市水利规划设计研究院，2010.

[3] 北京市水利规划设计研究院. 永定河生态构建与修复规划及实施方案研究[R]. 北京：北京市水利规划设计研究院，2010.

[4] 北京市水利规划设计研究院. 永定河绿色生态发展带建设情况介绍[R]. 北京：北京市水利规划设计研究院，2011.

[5] 本德·威卢姆森. 欧盟地下水指令手册[M]. 北京：中国水利水电出版社，2009.

[6] 国家环境保护总局，《空气和废气监测分析方法》编委会. 空气和废气监测分析方法[M]. 4版. 北京：中国环境科学出版社，2003.

[7] 编委会. 水文调查测验与水资源调度、信息化管理及水文条例实施手册[M]. 北京：银声音像出版社，2012.

[8] 蔡德所，王备新，赵湘桂. 漓江流域水生态系统健康监测和评价体系研究[J]. 广西师范大学学报（自然科学版），2009, 27(2): 148-152.

[9] 彩万志，庞雄飞，花保祯，等. 普通昆虫学[M]. 北京：中国农业大学出版社，2011.

[10] 曹志国，王瑞国，何瑞敏. 基于 WEB-GIS 的矿区生态监测与管理信息系统[J]. 煤炭工程，2018, 50(3): 161-163, 168.

[11] 朝鲁门. 无人机技术在草原生态遥感监测方面的探索[J]. 南方农业，2018, 12(23): 164-165.

[12] 陈昂，温静雅，王鹏远，等. 构建河流生态流量监测系统的思考[J]. 中国水利，2018(1): 7-10,17.

[13] 陈明叶，高宝嘉，刘素红. 土地利用景观格局变化的服务功能响应研究——以大清河水系阜平流域为例[J]. 林业资源管理，2018(2): 103-110.

[14] 陈尚芹. 环境污染物监测/环境保护知识丛书[M]. 北京：冶金工业出版社，1999.

[15] 陈受忠. 污染对水生生物影响的国外研究近况[J]. 环境保护，1979(1): 47-48.

[16] 陈水松，唐剑锋. 水生态监测方法介绍及研究进展评述[J]. 人民长江，2013(z2): 92-96.

[17] 陈小艺，陈庆华，王铮. 基于遥感技术的莫莫格湿地生态安全动态监测研究与实践[J]. 测绘与空间地理信息，2016(10): 150-153.

[18] 陈燕珍，计雅楠，朱文婷，等. 疏浚物持续倾倒对辽东湾西部海域的生态环境影响评价研究[J]. 海洋开发与管理，2016, 33(12): 67-71.

[19] 陈宇洁，陈志芳，马德高. 扬州市 2010—2015 年生态环境遥感监测研究[J]. 环境科学与管理，2017, 42(9): 171-175.

[20] 程虹. 生态监测技术概述[J]. 安庆科技，2003(3):27-28.

[21] 仇子瑜. 现代生态环境监测中物联网技术的应用[J]. 建筑工程技术与设计，2018, (20): 3978.

[22] 崔明堂. 论环境监测监察垂直管理改革[J]. 环境与发展，2018, 30(7): 206-207.

[23] 戴黎聪，柯浔，曹莹芳，等. 关于生态功能与管理的生物土壤结皮研究[J]. 草地学报，2018, 26(1): 22-29.

[24] 单丞斌，金亮. 环境空气氮氧化物自动监测仪器的维修方法研究[J]. 科技与创新，2018(17): 120-121.

[25] 邓坚. 关于水生态文明建设的几点认识[J]. 中国水利，2014, (21): 5-7.

[26] 邓卓智. 永定河绿色生态走廊规划建设问与答(3) [EB/OL].

[27] 董哲仁. 欧盟水框架指令的借鉴意义[J]. 中国水利水电快报，2009(9): 73-77.

[28] 窦筱艳，姜虹，陈珂，等. 多部门协作模式下的生态环境监测体系研究[J]. 环境监测管理与技术，2018, 30(4): 5-7.

[29] 杜娟，唐岱. 基于图像识别的山地城市绿色空间景观生态破损区域监测技术[J]. 现代电子技术，2018, 41(12): 67-70.

[30] 樊志香. 农业环境监测体系发展途径探讨[J]. 南方农业，2018, 12(23): 154-155.

[31] 范晓欧，张向彬，范信鑫. 人工生态湖水文水质监测系统构建的研究[J]. 自动化技术与应用，2017, 36(5): 111-115.

[32] 方华峰. 基于大数据的三峡库区生态环境监测体系构建[J]. 人民长江，2017, 48(17): 6-10.

[33] 龚慧，邵飞燕，吴荣荣，等. 水文部门开展水生态监测的实践研究——以江苏为例[J]. 水资源开发与管理，2016(7): 54-56,65.

[34] 巩万合，王志强，阚建鸾. 长三角典型农业区耕地土壤重金属污染与潜在生态风险评价[J]. 湖北农业科学，2017, 56(23): 4493-4496,4518.

[35] 关佳佳. 辽河保护区水生态监测指标体系构建的研究[D]. 沈阳：东北大学，2013.

[36] 关佳佳. 应用 SPSS13.0 软件对辽河保护区水生态监测指标选择分析研究[J]. 黑龙江科技信息，2013(27): 137-137,33.

[37] 郭兵，姜琳，罗巍，等. 极端气候胁迫下西南喀斯特山区生态系统脆弱性遥感评价[J]. 生态学报，2017, 37(21): 7219-7231.

[38] 国家环境保护总局. 水和废水监测分析方法[M]. 北京：中国环境科学出版社，2009.

[39] 郭益铭，赵恩民. 动态因子分析在环境监测数据综合处理中的应用[J]. 中国环境监测，2018, 34(1): 120-126.

[40] 黄学平，等. 矿山废水污染河道底栖生物多样性特征及其标志物效应研究（项目编号：51209115）[J]. 南昌工程学院学报，2013, (6): 79.

[41] 韩鹏. 物联网技术在茶场生态环境监测中的应用分析[J]. 福建茶叶，2016, 38(3): 15,17.

[42] 何财基，孙中峰，乔锋，等. 生态脆弱区生产建设项目水土保持监测的实践与探讨——以拉林铁路为例[J]. 中国水土保持，2017(4): 62-65.

[43] 何涛，孙玉军. 基于 InVEST 模型的森林碳储量动态监测[J]. 浙江农林大学学报，2016, 33(3): 377-383.

[44] 贺圣权，梅莎，陈娟. 河长制助推黄柏河流域保护[J]. 水资源开发与管理，2018, (9): 5-7.

[45] 侯林，吴孝兵. 动物学[M]. 2 版. 北京：科学出版社，2007.

[46] 胡健波，张健. 无人机遥感在生态学中的应用进展[J]. 生态学报，2018, 38(1): 20-30.

[47] 胡庆玲. 白蜡窄吉丁（Agrilus planipennis）研究进展[J]. 江苏农业科学，2016, 44(7): 5-10.

[48] 黄央央，李少伟，曹宇峰，等. 浅谈保护区与典型生态系统海岛监视监测工作——以湄洲岛、漳浦红屿、东门屿为例[J]. 海洋开发与管理，2017, 34(9): 45-49.

[49] 黄滢冰，陈明辉，吴井非，等. 生态价值区新增建设用地动态监测体系建立及分析[J]. 地理信息世界，2016, 23(3): 103-107.

[50] 黄志行，沈华，彭欣，等. 乐清湾互花米草高分遥感监测研究[J]. 海洋开发与管理，2016, 33(10): 63-67.

[51] 姜必亮. 生态监测[J]. 福建环境，2003,20(1):4-6.

[52] 蒋俊波，张庆，迪拜哈斯彦电站码头及 GRP 管道工程环境保护举措[J]. 水运工程，2018(8): 205-208.

[53] 蒋美琛，田淑芳，詹骞. 北京周边重点矿山开采区的植被恢复状况评价[J]. 中国矿业，2017, 26(6): 88-94.

[54] 蒋如东. 无锡市水生态监测工作实践[J]. 江苏水利，2016(8): 42-46.

[55] 焦良玉，周兴策，钟恩主，等. 基于物联网的西黑冠长臂猿生态监测系统[J]. 南方农机，2018, 49(14): 124-125.

[56] 金相灿，屠清瑛. 湖泊富营养化调查规范[M]. 北京：中国环境科学出版社，1990.

[57] 金小伟，王业耀，王备新，等. 我国流域水生态完整性评价方法构建[J]. 中国环境监测，2017, 33(1): 75-81.

[58] 郎锋祥，彭英，龚芸. 水生态监测的实践与探讨[J]. 水资源研究，2014(1): 41-43.

[59] 郎锋祥，彭英，龚芸. 水文部门开展水生态监测的实践与探讨[J]. 水利发展研究，2014, 14(3): 54-56,65.

[60] 李博，孟庆庆，赵然，等. 基于水生态功能分区的流域水环境监测与评价研究[J]. 环境科学与管理，2017, 42(12): 110-113.

[61] 李广泳，姜翠红，程滔，等. 基于地理国情监测地表覆盖数据的生态系统服务价值评估研

究——以伊春市为例[J]. 生态经济，2016, 32(10): 126-129,178.

[62] 李海伟，武成周，李利娟. 宁缠煤田东部矿山开发对水环境影响分析及对策[J]. 科技视界，2018(24): 225-226.

[63] 李建，李文俊，王慧铭. 分析生态环境中环境监测的重点[J]. 资源节约与环保，2018(8): 131.

[64] 李培基，程小艳，席英伟. 四川省重点流域水质生态补偿监测质量控制初探[J]. 四川环境，2016, 35(1): 33-35.

[65] 李瑞初. 现代测量技术在水生态系统监测中的应用探讨[J]. 广东科技，2013(24): 159-160.

[66] 李双喜，龚旭昇，李中强. 生态清洁小流域监测及后评价初探[J]. 人民长江，2017, 48(12): 47-50,64.

[67] 李绥，李振兴，石铁矛，等. 基于遥感监测的城市生态安全与空间格局优化——以沈阳市为例[J]. 安全与环境工程，2016, 23(6): 26-34.

[68] 李婉晖. 水质遥感方法及其应用[J]. 能源与环境，2009(5):62-64.

[69] 李潇，杨翼，杨璐，等. 海洋生态环境监测体系与管理对策研究[J]. 环境科学与管理，2017, 42(8): 131-138.

[70] 李新，刘绍民，孙晓敏，等. 生态系统关键参量监测设备研制与生态物联网示范[J]. 生态学报，2016, 36(22): 7023-7027.

[71] 李正英，余晓列，施建伟. 生态监测及其发展趋势[J]. 水利渔业，2005(4): 62-64.

[72] 廖慧璇，籍永丽，彭少麟. 资源环境承载力与区域可持续发展[J]. 生态环境学报，2016, 25(7): 1253-1258.

[73] 廖鹏. 遥感技术在生态环境监测中的应用[J]. 环境与发展，2018, 30(7): 90-91.

[74] 林祚顶. 关于水资源监测、水生态监测及城市水文工作的专题报告[EB/OL].

[75] 林祚顶. 水生态监测探析[J]. 水利水文自动化，2008(4): 1-5.

[76] 刘爱萍. 关于新形势下加强地市级环境监测站质量管理的思考[J]. 江西化工，2018(4): 178-179.

[77] 刘方，李俊龙，丁页，等. 关于近岸海域生态环境监测技术体系的探讨[J]. 中国环境监测，2017, 33(2): 17-22.

[78] 刘广纯，王英刚，苏宝玲，等. 河流水质生物监测理论与实践[M]. 沈阳: 东北大学出版社，2008.

[79] 刘进琪. 关于构建我国水生态监测体系的思考[J]. 甘肃水利水电技术，2012, 48(11): 13-17.

[80] 刘静波. 生态环境监测的现状及发展[J]. 中国科技纵横，2018(19): 5-6.

[81] 刘漫萍，秦卫华，李中林，等. 红松洼自然保护区土壤螨群落结构对短期围栏封育的响应研究[J]. 生态环境学报，2016, 25(5): 768-774.

[82] 刘鹏. 流域水生态监测网络系统设计——以辽河流域为例[J]. 环境保护科学，2018, 44(3):

110-113.

[83] 刘文丽. 浅谈山西省生态环境监测发展趋势[J]. 山西科技，2018, 33(5): 116-118.

[84] 刘莹，崔文林，滕菲，等. 国外海洋公园监测体系建设经验及对我国的借鉴[J]. 海洋开发与管理，2016, 33(11): 37-40.

[85] 刘志，陈菁，陈丹，等. 灌溉渠道生态护坡建设效果的监测与评价[J]. 中国农村水利水电，2016(8): 13-17, 24.

[86] 卢琳芳，沙之敏，岳玉波，等. 不同类型生态农庄的面源污染调查与分析[J]. 江苏农业科学，2016, 44(4): 419-423.

[87] 卢泽洋，陈永富，崔向慧. 荒漠生态环境监测网络体系发展现状与管理对策探讨[J]. 林业资源管理，2018(1): 1-8.

[88] 陆泗进，王业耀，何立环. 某集中式饮用水源地保护区土壤重金属监测与评价[J]. 中国环境监测，2017, 33(3): 1-7.

[89] 陆晓平，张继路，夏正创. 南京石臼湖固城湖水生态监测及修复措施探讨[J]. 中国水利，2017(15): 37-39.

[90] 罗华艳. 广西北部湾沿海地区耕地"三位一体"动态监测研究[J]. 中国农业资源与区划，2018, 39(2): 139-145.

[91] 罗泽娇，程胜高. 我国生态监测的研究进展[J]. 环境监测，2003(3): 41-44.

[92] 吕国屏，廖承锐，高媛赟，等. 激光雷达技术在矿山生态环境监测中的应用[J]. 生态与农村环境学报，2017, 33(7): 577-585.

[93] 马宝花. 环境监测技术分析及生态可持续发展相关研究[J]. 建筑工程技术与设计，2018(22): 5422.

[94] 马丁·格里菲斯. 欧盟水框架指令手册[M]. 水利部国际经济技术合作交流中心，译. 北京：中国水利水电出版社，2008.

[95] 马广文，王晓斐，王业耀，等. 我国典型村庄农村环境质量监测与评价[J]. 中国环境监测，2016, 32(1): 23-29.

[96] 马荣华，唐军武，段洪涛，等. 湖泊水色遥感研究进展[J]. 湖泊科学，2009, 2(2): 143-158.

[97] 马炜梁. 植物学[M]. 北京：高等教育出版社，2009.

[98] 马雨田，吕国卿，孙永泉. 基于地理国情普查的生态环境动态监测方法研究[J]. 测绘与空间地理信息，2017(8): 76-80.

[99] 马玉寿，周华坤，邵新庆，等. 三江源区退化高寒生态系统恢复技术与示范[J]. 生态学报，2016, 36(22): 7078-7082.

[100] 莫琴，陈志泊，谢士琴，等. 高分辨率林业生态工程监测系统研建与应用[J]. 浙江农林大学学报，2017, 34(4): 737-742.

[101] 穆宏强. 长江流域水资源保护科学研究之管见[J]. 长江科学院院报，2018, 35(4): 1-5,17.

[102] 南京土壤所. 土壤理化分析[M]. 上海：上海科学技术出版社，1978.

[103] 欧阳金浩. 浅谈环境监测在生态环保中的作用及发展措施[J]. 资源节约与环保，2018(7): 61-62.

[104] 潘德炉，马荣华. 湖泊水质遥感的几个关键问题[J]. 湖泊科学，2008,20(2): 139-144.

[105] 庞晓燕，王晓宇. 内蒙古山地森林生态系统监测与评价[J]. 林业资源管理，2017(z1): 33-40.

[106] 彭文启，刘晓波，王雨春，等. 流域水环境与生态学研究回顾与展望[J]. 水利学报，2018, 49(9): 1055-1067.

[107] 彭筱峻，袁文芳，朱艳芳. 生态环境监测的现状及发展趋势[J]. 江西化工，2009(6): 25-29.

[108] 彭燕，何国金，张兆明，等. 赣南稀土矿开发区生态环境遥感动态监测与评估[J]. 生态学报，2016, 36(6): 1676-1685.

[109] 濮培民. 国际理论与应用湖沼协会第 26 届大会在巴西圣保罗举行[J]. 湖泊科学，1995(4): 385.

[110] 钱阳平. 基于物联网的黄山风景区生态环境质量集成监测网络规划与实施途径分析[J]. 安徽农业科学，2017, 45(36): 213-216.

[111] 秦多勇. 基于水生态功能分区的流域水环境监测网络体系构建[J]. 环境与发展，2018, 30(7): 188-189.

[112] 清华大学水利系. 永定河生态水力学数学模型研究[M]. 北京：清华大学，2010.

[113] 荣海北，郑福寿，张敏，等. 基于 3S 技术的洪泽湖网格化管理信息化平台的实现[J]. 江苏水利，2017(6).

[114] 宋时文，黄克城. 基于地理国情监测开展生态审计的思考[J]. 地理空间信息，2016, 14(5): 49-50.

[115] 孙峰，黄振芳，杨忠山，等. 北京市水生态监测评价方法构建及应用[J]. 中国环境监测，2017, 33(2): 82-87.

[116] 孙强，王越，谢立斐，等. 长春城市大气重金属污染的生态监测研究[J]. 杭州师范大学学报（自然科学版），2017, 16(1): 64-68.

[117] 孙志伟，袁琳，叶丹，等. 水生态监测技术研究进展及其在长江流域的应用[J]. 人民长江，2016, 47(17): 6-11,24.

[118] 唐峰华，张胜茂，吴祖立，等. 北太平洋公海中心渔场海域放射性核素 137Cs 的生态环境监测与风险评估[J]. 农业环境科学学报，2018, 37(4): 680-687.

[119] 万本太，蒋火华. 论中国环境监测发展战略[J]. 中国环境监测，2005, 20 (6): 1-3.

[120] 万本太，蒋火华. 论中国环境监测技术体系建设[J]. 中国环境监测，2004, 21 (1): 1-4.

[121] 汪云甲. 矿区生态扰动监测研究进展与展望[J]. 测绘学报，2017, 46(10): 1705-1716.

[122] 王爱军，高占科. 计量在海洋生态环境监测中的保障作用[J]. 计量技术，2017(8): 63-66.

[123] 王炳华, 赵明. 美国环境监测—百年历史回顾及其借鉴[J]. 环境监测管理与技术, 2000, 12(6): 13-17.

[124] 王慧杰, 董战峰, 徐袁, 等. 构建跨省流域生态补偿机制的探索——以东江流域为例[J]. 环境保护, 2015, 43(16): 44-48.

[125] 王剑秋. 露天矿排土场土地复垦物种选择及生态监测研究[J]. 中国矿业, 2016, 25(z1): 255-258.

[126] 王文瑾, 黄奕龙, 陈凯. 龙岗河流域水生态系统监测与评估[J]. 中国农村水利水电, 2014(6): 54-56.

[127] 王小红, 马然, 曹煊, 等. 基于 MCGS 的海洋生态环境实时监测系统软件设计[J]. 山东科学, 2017, 30(5): 1-7.

[128] 王艳春. 安徽合肥四里河生态修复策略研究[J]. 中国园林, 2018, 34(7): 86-90.

[129] 王艳杰, 李法云, 范志平, 等. 大型底栖动物在水生态系统健康评价中的应用[J]. 气象与环境学报, 2012, 28(5): 90-96.

[130] 王艺蒙. 跨界水生态系统保护的国际法对策分析[J]. 今日湖北 (下旬刊), 2015(2): 24-25.

[131] 魏复盛. 我国环境监测的回顾与展望[J]. 环境监测管理与技术, 1999, 11(1): 1-4.

[132] 吴德景, 王光培, 朱宇. 浅谈生态环境监测[J]. 西部皮革, 2018, 40(17): 116.

[133] 吴生桂, 张俊友. 长江水生态科研事业的建设与发展[J]. 人民长江, 2010, 41(4): 114-120.

[134] 武新梅, 周素茵, 徐爱俊. 生态治理模式下生猪养殖业污水智慧监管[J]. 浙江农林大学学报, 2018, 35(3): 543-551.

[135] 萧晓俊, 罗万明, 罗泽, 等. 青海湖生态水文监测数据可视化平台[J]. 计算机系统应用, 2018, 27(10): 75-79.

[136] 熊莹, 王俊, 张明波. 对长江水文服务河湖长制管理的思考[J]. 中国水利, 2018(10): 15-16.

[137] 熊昱, 廖炜, 李璐, 等. 湖北省湖泊污染现状及原因分析[J]. 中国水利, 2016(18): 54-57.

[138] 徐小平, 叶丽敏, 陈英, 等. 景宁县公益林生态效益监测评估分析[J]. 安徽农业科学, 2018, 46(12): 131-132,145.

[139] 许宁, 刘雪琴, 袁帅, 等. 基于突发海洋生态灾害防范的海洋工程海冰灾害风险监测——以渤海石油平台为例[J]. 海洋开发与管理, 2018. 35(4): 89-92.

[140] 薛艳. 水环境中水生态监测的研究进展[J]. 环境与可持续发展, 2016(6).

[141] 杨光. 环境监测技术的应用及质量控制方法的探究[J]. 消费导刊, 2018(38): 227.

[142] 杨花, 毕振波, 潘洪军, 等. 岛群海域重要生物资源及环境智能监测系统框架研究[J]. 海洋开发与管理, 2018, 35(5): 65-70.

[143] 杨娜. 河北承德市冀北土石山区水土流失当前问题[J]. 中国科技投资, 2018(28): 53.

[144] 杨增丽, 商书芹, 郭伟. 国内外水生态监测发展概况及建议[J]. 山东水利, 2016(8).

[145] 于文涛, 姚海燕, 曹婧, 等. 浅析我国海上工程大气污染的监测与监管现状[J]. 海洋开

发与管理，2018, 35(7): 48-51.

[146] 岳昂，张赞. 浅谈无人机在生态环境方面的应用研究[J]. 资源节约与环保，2018(7): 125.

[147] 岳昂，张赞. 天津于桥水库周边土壤环境质量分析[J]. 安徽农学通报，2018, 24(15): 74-75.

[148] 张芳，陈小平，王蕾，等. 基于 RS 的汶川县生态环境质量监测与分析评价[J]. 测绘与空间地理信息，2017(4): 78-80.

[149] 张佳宁. 山东省水生态监测工作的问题及建议[J]. 山东水利，2016(12): 52-53.

[150] 张建新，金勇章，杨慧君，等. 区域土壤重金属潜在风险遥感监测模型及应用——以湘江流域下游区为例[J]. 遥感信息，2016, 31(6): 36-43.

[151] 张健，鹿海峰，刘嘉林，等. 北京市地面生态监测网络建设构想[J]. 环境科技，2017, 30(5): 82-86.

[152] 张静，雍会. 干旱区塔里木河流域地下水生态调节与监测预警研究[J]. 中国农业资源与区划，2018, 39(5): 77-83.

[153] 张玲燕，程文虎. 基于水资源系统可持续性的水生态理论探讨[J]. 人民珠江，2012, 33(z2): 30-33.

[154] 张荞，王萍，陈慧，等. 长江上游地区土地利用格局时空演变——以四川省宜宾市为例[J]. 水土保持通报，2018, 38(2): 210-216.

[155] 张青田，胡桂坤，杨若然. 分类学多样性指数评价生态环境的研究进展[J]. 中国环境监测，2016, 32(3): 92-98.

[156] 张胜花，曹艳敏，陈英明. 民族院校《生态环境监测与评价》实验教学改革初探[J]. 教育教学论坛，2018(39): 267-268.

[157] 张咏. 水生态监测技术路线选择与业务化运行关键问题研究[J]. 环境监控与预警，2012, 4(6): 7-9.

[158] 张媛. 森林生态系统类型自然保护区生物多样性监测体系构建探索[J]. 林业资源管理，2018(3): 29-34.

[159] 张兆锁. 环境监测技术应用及质量控制方法[J]. 中小企业管理与科技，2018(24): 120-121.

[160] 张志明，徐倩，王彬，等. 无人机遥感技术在景观生态学中的应用[J]. 生态学报，2017, 37(12): 4029-4036.

[161] 赵宾峰，冯辉强，林桂芳. 生态浮标在线监测数据可靠性研究及误差分析[J]. 海洋预报，2017, 34(5): 58-63.

[162] 赵聪蛟，赵斌，周燕. 基于海洋生态文明及绿色发展的海洋环境实时监测[J]. 海洋开发与管理，2017, 34(5): 91-97.

[163] 赵洪兵. 环境监测全过程质量管理提升环境监测水平分析[J]. 环境与发展，2018, 30(7): 158-159.

[164] 赵鸿，任丽雯，赵福年，等. 马铃薯对土壤水分胁迫响应的研究进展[J]. 干旱气象，2018,

36(4): 537-543.

[165] 赵龙山，侯瑞，吴发启. 喀斯特山区乡村聚落水土流失监测指标[J]. 中国水土保持科学，2018, 16(1): 80-87.

[166] 赵秀玲，朱虹，耿立佳，等. 现代海洋环境监测体系和海洋管理背景下的浮游生物监测[J]. 海洋开发与管理，2018, 35(10): 31-38.

[167] 郑长远，师延霞，张杨，等. 碳封存工程泄漏超高 CO_2 浓度对植被影响的多光谱遥感监测应用[J]. 科学技术与工程，2016, 16(23): 290-295.

[168] 郑光美. 鸟类学[M]. 北京：北京师范大学出版社，2012.

[169] 中国生态系统研究网络科学委员会. 陆地生态系统生物观测规范[M]. 北京：中国环境科学出版社，2007.

[170] 中国生态系统研究网络科学委员会. 水域生态系统生物观测规范[M]. 北京：中国环境科学出版社，2007.

[171] 周冬飞. 环境监测在生态环境保护中的作用及发展措施[J]. 花卉，2018(18): 311.

[172] 周仰效. 地下水-陆生植被系统研究评述[J]. 地学前缘，2010, 17(6): 21-30.

[173] 周易勇. 水环境监测的酶学方法[J]. 中国环境监测，1999(2): 63-66.

[174] 周增光. 阿尔泰山林区森林资源及生态监测技术探讨[J]. 农村科技，2018(7): 54-55.

[175] 朱明清，李喜东，陈庆文，等. 湿地生态环境监测系统设计与实现[J]. 自动化技术与应用，2017, 36(10): 121-123,153.

[176] 朱绍朋，邓铭辉，冯江. 基于移动互联网技术的农田生态环境远程监测系统研究[J]. 农机化研究，2016(11): 224-228.

[177] 朱希希，张宗祥，朱宇芳，等. 兴化市生态环境遥感动态监测与分析[J]. 环境监测管理与技术，2016, 28(1): 67-70.

[178] 朱中竹，冯平，谭璐. 济南市水生态监测研究与探讨[J]. 山东水利，2015(1): 45-46.

[179] 祝令亚. 湖泊水质遥感监测与评价方法研究[D]. 北京：中国科学院研究生院，2006.

[180] Brownstein G , Blick R, Johns C , et al. Optimising a Sampling Design for Endangered Wetland Plant Communities: Another Call for Adaptive Management in Monitoring[J]. Wetlands, 2015, 35(1):105-113.

[181] Charles F Rabení, Doisy K E, Zweig L D. Stream invertebrate community functional responses to deposited sediment[J]. Aquatic Sciences, 2005, 67(4):395-402.

[182] Fleming P J S, Ballard G, Reid N C H, et al. Invasive species and their impacts on agri-ecosystems: issues and solutions for restoring ecosystem processes[J]. The Rangeland Journal, 2017, 39(6):523.

[183] Galat D. Reservoir Limnology: Ecological Perspectives[J]. Transactions of the American Fisheries Society, 1992, 121(5):3.

[184] Hilsenhoff W L. Rapid Field Assessment of Organic Pollution with a Family-Level Biotic Index[J]. Journal of the North American Benthological Society, 1988, 7(1):4.

[185] J Prygiel, M Coste. The assessment of water quality in the Artois-Picardie water basin (France) by the use of diatom indices[J]. Hydrobiologia, 1993, 123(10): 2018-2026.

[186] Juan Carlos Pérez-Quintero. Freshwater mollusc biodiversity and conservation in two stressed Mediterranean basins[J]. Limnologica, 2011, 41(3):0-212.

[187] Lindenmayer D B, Likens G E. Adaptive monitoring: a new paradigm for long-term research and monitoring[J]. Trends in Ecology & Evolution, 2009, 24(9):0-486.

[188] Madden S S, Robinson G R, Arnason J G. Spatial Variation in Stream Water Quality in Relation to Riparian Buffer Dimensions in a Rural Watershed of Eastern New York State[J]. Northeastern Naturalist, 2007, 14(4):605-618.

[189] Magnusson W E, Lawson B, Baccaro F, et al. Multi-taxa Surveys: Integrating Ecosystem Processes and User Demands[C]// Applied Ecology and Human Dimensions in Biological Conservation. Springer Berlin Heidelberg, 2014.

[190] Mariana Z. Nava-López, Diemont S A W , Hall M , et al. Riparian Buffer Zone and Whole Watershed Influences on River Water Quality: Implications for Ecosystem Services near Megacities[J]. Environmental Processes, 2016, 3(2):1-29.

[191] Mathers K L, Rice S P, Wood P J. Temporal effects of enhanced fine sediment loading on macroinvertebrate community structure and functional traits[J]. Science of The Total Environment, 2017, 599-600:513-522.

[192] Matthaei C D, Townsend C R. Long-term effects of local disturbance history on mobile stream invertebrates[J]. Oecologia (Berlin), 2000, 125(1):119-126.

[193] MB Griffith，BH Hill，FH Mccormick, et al. Comparative application of indices of biotic integrity based on periphyton, macroinvertebrates, and fish to southern Rocky Mountain streams[J]. Ecological Indicators, 2005, 120(10):1290-1306.

[194] M Coste, S Boutry, J Tison-Rosebery, et al. Improvements of the Biological Diatom Index (BDI): Description and efficiency of the new version (BDI-2006)[J]. Ecological Indicators, 2009, 196(12):1280-1299.

[195] Mimouni E A, Pinelalloul B, Beisner B E. Assessing aquatic biodiversity of zooplankton communities in an urban landscape[J]. Urban Ecosystems, 2015, 18(4):1353-1372.

[196] M Potapova, DF Charles. Diatom metrics for monitoring eutrophication in rivers of the United States[R]. Ecological Indicators, 2007.

[197] Moiseenko T I, Dinu M I, Bazova M M , et al. Long-Term Changes in the Water Chemistry of Arctic Lakes as a Response to Reduction of Air Pollution: Case Study in the Kola, Russia[J].

Water Air & Soil Pollution, 2015, 226(4):1-12.

[198] Monteith D T, Stoddard J L , Evans C D, et al. Dissolved organic carbon trends resulting from changes in atmospheric deposition chemistry[J]. Nature, 2007, 450(7169):537-40.

[199] M Straškraba, Tundisi J G, Duncan A. State-of-the-art of reservoir limnology and water quality management[C]// Comparative Reservoir Limnology and Water Quality Management. Springer Netherlands, 1993.

[200] O'Callaghan P M, Jocqué Kelly-Quinn M. Nutrient- and sediment-induced macroinvertebrate drift in Honduran cloud forest streams[J]. Hydrobiologia, 2015, 758(1):75-86.

[201] Olden R J D. Assessing the Effects of Climate Change on Aquatic Invasive Species[J]. Conservation Biology, 2008, 22(3):521-533.

[202] P A Brivio, C Giardino, E Zilioli. Determination of chlorophyll concentration changes in Lake Garda using an image-based radiative transfer code for Landsat TM images[J]. International Journal of Remote Sensing, 2001, 148(12)1356-1378.

[203] Ou Y , Wang X, Wang L, et al. Landscape influences on water quality in riparian buffer zone of drinking water source area, Northern China[J]. Environmental Earth Sciences, 2016, 75(2):114.

[204] Pinto-Coelho R, Pinel-Alloul B, Méthot, Ginette, et al. Crustacean zooplankton in lakes and reservoirs of temperate and tropical regions: variation with trophic status[J]. Canadian Journal of Fisheries and Aquatic Sciences, 2005, 62(2):348-361.

[205] Rafael Marcé, Armengol J, Navarro E. Assessing Ecological Integrity in Large Reservoirs According to the Water Framework Directive[C]// Experiences from Surface Water Quality Monitoring. Springer International Publishing, 2016.

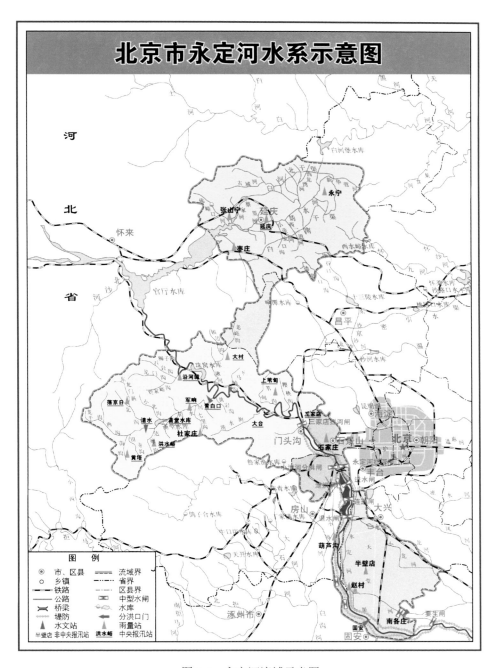

图 2-1 永定河流域示意图

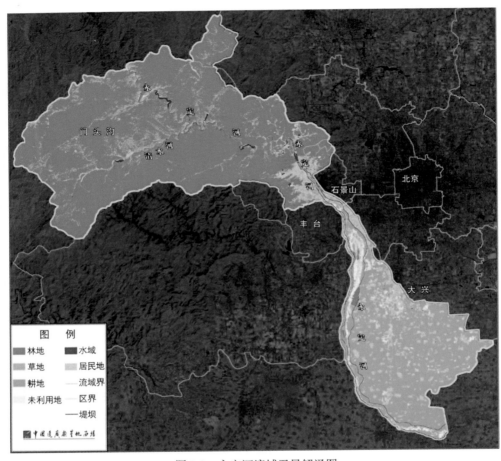

图 2-2 永定河流域卫星解译图

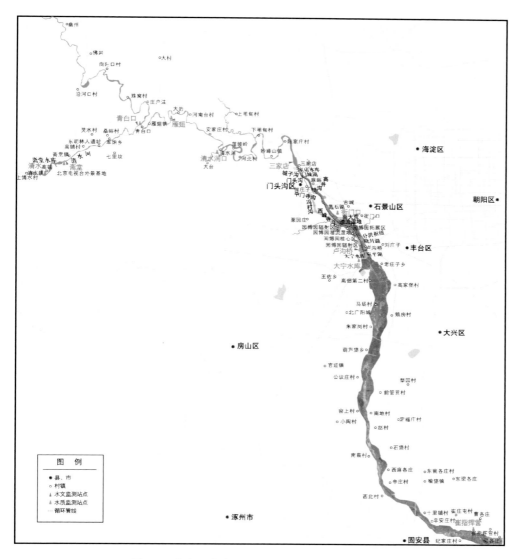

图 2-6　永定河北京段水文站、水质站现状示意图

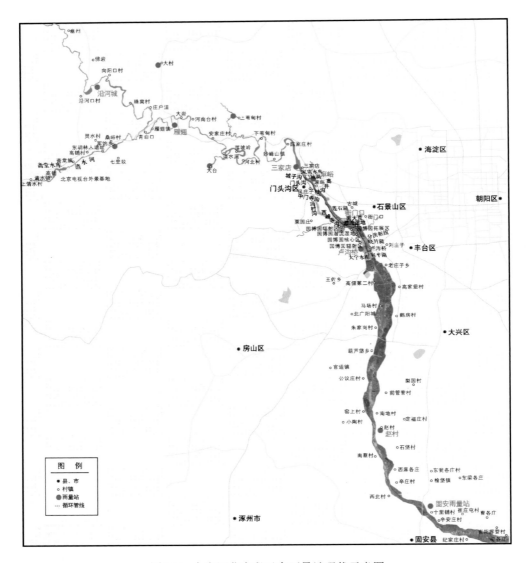

图 2-7　永定河北京段已有雨量站现状示意图

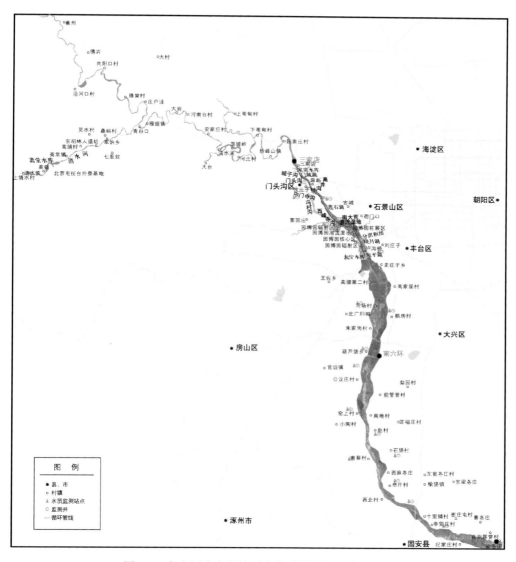

图 2-8　永定河北京段地下水水质监测井现状示意图

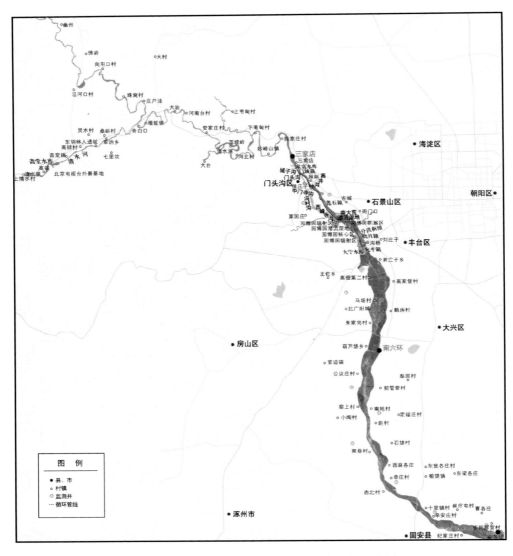

图 2-9 永定河北京段地下水水位监测井现状示意图

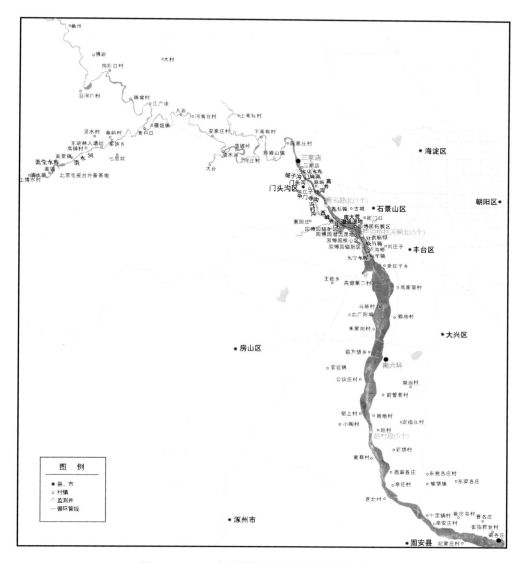

图 2-10　2009 年课题组打的监测井位置示意图

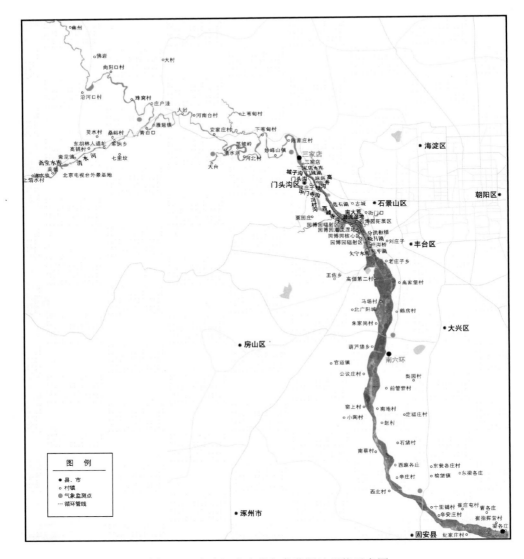

图 2-11 永定河北京段气象监测站现状示意图

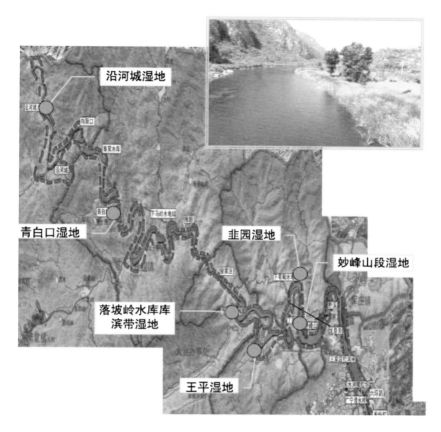

图 4-7　永定河官厅山峡段示意图

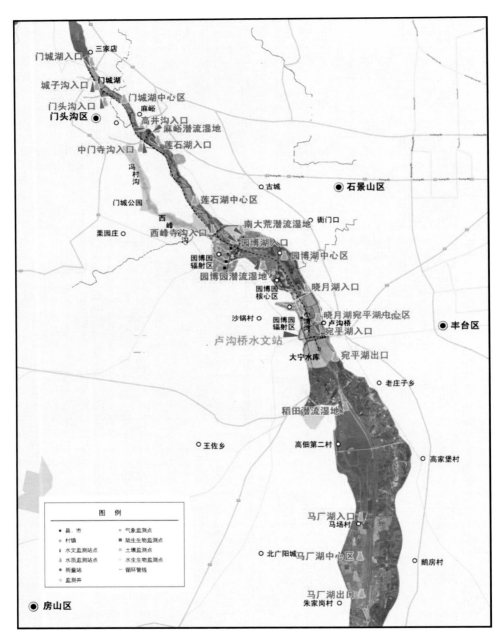

图 4-9 永定河城市段规划水文、水质监测站点布置示意图

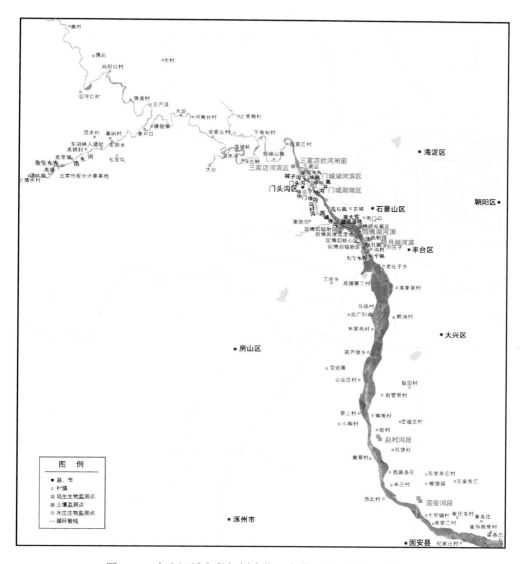

图 4-10　永定河城市段规划生物、土壤监测站点布置示意图

马场村

北广阳城

鹅房村

朱家岗村

大兴区

葫芦垡乡

南六环

官道镇

公议庄村

梨园村

前管营村

窑上村

南地村

定福庄村

小陶村

赵村

赵村大气监测点　　赵村雨量站

石垡村

南蔡村

西麻各庄

东瓮各庄村

辛庄村

榆垡镇　　东梁各庄

西北村

自动气象站
固安雨量站

十里铺村　　崔庄屯村　　曹各庄

辛安庄村

崔指挥营村

梁各庄

固安县

图 例

· 县、市　　　· 气象监测点
· 村镇　　　■ 陆生生物监测点
▲ 水文监测点　　土壤监测点
■ 水质监测站点　　水生生物监测点
● 雨量站　　　—— 循环管线
　监测井

图 4-12　郊野段气象监测站点布置示意图